你的幸运不会从天而降

女人幸福一生的6项修炼

作者 ● 康海波

南方出版社

图书在版编目（CIP）数据

你的幸运不会从天而降：女人幸福一生的6项修炼 / 康海波著. —海口：南方出版社，2017.10

ISBN 978-7-5501-3966-4

Ⅰ.①你… Ⅱ.①康… Ⅲ.①女性-成功心理-通俗读物 Ⅳ.①B848.4-49

中国版本图书馆CIP数据核字(2017)第178205号

你的幸运不会从天而降·女人幸福一生的6项修炼

康海波 / 著

责任编辑：	孙宇婷　高会力　王子然
责任校对：	王田芳
版式设计：	吴　磊
出版发行：	南方出版社
地　　址：	海南省海口市和平大道70号
电　　话：	(0898)66160822
传　　真：	(0898)66160830
经　　销：	全国新华书店
印　　刷：	三河市北燕印装有限公司
开　　本：	690mm×960mm　1/16
字　　数：	180千字
印　　张：	13
版　　次：	2017年10月第1版　2017年10月第1次印刷
书　　号：	ISBN 978-7-5501-3966-4
定　　价：	36.00元

新浪官方微博：http://weibo.com/digitaltimes
版权所有　侵权必究
该书如出现印装质量问题，请与本社北京图书中心联系调换。

目 录
Contents

Chapter 1
18~22 岁　美丽，女人幸运的"基座"

女人的美丽，价值千万 / 2

为什么不向美丽征税 / 9

要做抢手货，不做滞销货 / 16

抓住机会，勇敢"秀"自己 / 22

漂亮女人人人爱，聪明女人会恋爱 / 28

出售青春要趁早 / 35

定位准确，身价才能水涨船高 / 41

Chapter 2
22~25 岁　职场修炼，开盘要走高

起薪别人定，加薪靠自己 / 48

女人如何在职场开展"圈地运动" / 52

同样是花瓶，要做净水宝瓶 / 56

找准方向，25 岁前要做对事 / 61

团队就是你要做大的那块"蛋糕" / 66

与其做老板的情人，不如自己做老板 / 70

心有多大，女人的职场舞台就有多大 / 73

Chapter 3
25~30 岁　花开其时要把握，聪明女人朋友多

人脉即钱脉，女人要做社交明星 / 78

提升人气，会笑的女人最幸运 / 82

男人是黄金，奇货才可居 / 87

糊涂女人做事，聪明女人做人 / 92

马太效应，让人脉发挥作用 / 98

小成功靠自己，大成功靠人脉 / 102

朋友簇绕，女人才是一朵黄金花 / 107

Chapter 4
30~40 岁　抓住机会增值快，家庭事业双丰收

不是你能做什么，而是你想做什么　/　112

不要让男人成为你的绊脚石　/　117

女人要画好平面"三角形"　/　121

天生我材和择木而栖　/　125

打造成功的女人味，幸运不请自来　/　128

近朱者才能赤，好机遇要抓住　/　131

抓住黄金时间段，给自己塑金身　/　137

Chapter 5
40~50 岁　财富，女人幸福的底气

房产是王道，有房才保险　/　144

事事亲为，不如适当放权　/　148

好好利用自己的"本钱"　/　153

理财比赚钱更重要　/　156

培养自己的"蜘蛛精神"　/　162

女人不要成为守财奴　/　166

让自己的价值在儿女身上延续　/　169

Chapter 6
50 岁以后 真正的幸福，是健康的心态

战胜更年期情绪症状 / 174

女人不要败于年龄 / 179

年轻在于抓住指尖的快乐 / 185

赋予单调的生活一点乐趣 / 189

爱永远不会误点 / 192

是时候实现曾经的梦想了 / 196

做一个面善心慈的长者 / 200

Chapter 1
18~22岁 美丽，女人幸运的"基座"

女人的青春是极宝贵的——18~22岁这看似很长的镀金期，实际上是最为短暂的黄金期，稍不留意就如白驹过隙，白白错过。"路漫漫其修远兮"，但是首要的，一定要在这几年里夯实基础，才能造就未来金碧辉煌的宫殿。然而可惜的是，很多女人在这个年龄段正处于美丽意识的懵懂期，并没有认识到美丽所具有的巨大价值。其实，女人的美貌是具有吸引力的，犹如百花齐放，开得最艳的那朵，也便最吸引人们的眼球。当然，所谓美女，除了遗传基因好以外，也一定懂得精心培养以及呵护自己。因此，在18~22岁时，女人应该树立起"美丽"价值观，学会滋养、装扮自己，争取成为养眼的美女。

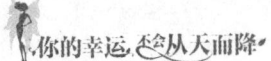

女人的美丽，价值千万

女人的美丽，对于社会来说，是一种不可多得的资源；而对于女人自身来说，是一项不可或缺的资本。在现代化的21世纪，女人不应该像灰姑娘一样，只在举办舞会的时候才穿上水晶鞋和华服，而应该在每时每刻都光彩照人，展现自己最美丽的一面。很多人以为，美丽是天生的，这个想法无疑是片面的。美丽是可以追求的，可以培养的，甚至是可以创造的。很多女人已经意识到这一点，并且开始尝试改变自己的外表，比如向形象设计师征求意见，听专业人士的指导，以及美发、美甲、化妆、搭配服装、整容……社会需要靓女，因为靓女和经济发展的关系极为紧密。女人的美丽价值千万，是生活幸福的最大资本——女人应该敢于说出这句话——正视美丽的价值，追求美丽，培养美丽，创造美丽，让美丽充分绽放。

貌美：女人骄傲的首要资本

女人的美丽具有极大力量，美丽女人以姿容为傲，社会也愿意为美丽女人的种种梦想买单。但遗憾的是，仍有不少女人太晚才知道貌美的价值，也因此错过了诸多机会。例如，很多人深信的那句"女为悦己者容"，其实就很误导人。如果只是在遇到自己喜欢的或是喜欢自己的人之后，才去想着把自己收拾得漂亮些，恐怕已经太晚了。

　　一方面，现代生活节奏飞快，一个面容平凡的女人怎么能吸引到自己的心仪之人？要知道，你所心仪的白马王子面前很可能有一个团的美女在向他抛媚眼，他又怎么会孤零零地傻等着一个不起眼的姑娘呢？说不定等你打扮停当，光彩照人地出现在他面前的时候，他已经成了别人的盘中菜。即使那时的你令他眼前一亮，他也只能暗自喟叹"恨不相逢未娶时"了。

　　另一方面，你如果在确定了对象之后再去装扮自己，有没有想过可能面对的结果？对方未必就一定会为你着迷沉醉。假如你落花有意，他流水无情，对你所付出的心血视若无睹，此时你该怎么办？是继续为他"冶容"下去，还是就此停手，继续让自己"灰姑娘"下去？这个时候，你会不会深受打击？

　　所以，女人与其"为悦己者容"，还不如使美丽成为自己的一种习惯，"为己容"——每天都光彩照人，不用担心爱慕的人看不到自己，也不用为精致用心的装扮没有人注意而失落。女人让自己漂亮起来，是和自己切身相关的事情。至于男人，就让他们成为女人美丽的见证者吧。

　　其实，女人对自己的外貌向来是极其敏感和重视的。外貌的话题跟女人是永远分不开的，如今化妆品的产量直线上升和整容业的兴起，就能充分说明这个问题。虽然，道德家们口口声声说，外貌难以持久，内在则是相对稳定的，外貌如果没有内在的支持，会失去光彩的；但我们还是认为，如果能将自己打扮成美人，就一定不要对自己心慈手软。正如心理学家所言，女人

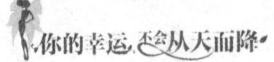

将自己打扮得美一点,是对社会的一种积极反馈。

时尚鼻祖香奈儿说过,"没有味道的女人是没有未来的"。我们也可以说,"没有美丽资本的女人是没有未来的"。甚至有人断言,21世纪的靓女对于经济所起的作用将是巨大的。因为美丽的女人永远走在时代的最前沿,走在最风光的路上,施展自己的美丽,引发其他女人跟风模仿,进而刺激生产。因此,靓女对于消费的巨大的刺激作用,将使其成为影响经济的最为直接的因素之一。

而且,随着社会的发展,人们对靓女的需求也越来越高。那些独具慧眼的商家已经发现这一现象,并展开了相应的营销活动,如靓女车展、靓女房展、选美活动、靓女广告等,层出不穷。美丽女人利用自身的美丽资本可以使更多的财富流动、聚集,无形中促进了经济的发展。所以,做女人,首先要做个美丽的女人,这是22岁之前我们必须懂得的。

不能做型女,就做气质女

美丽对于女人来说,绝对是一种优越感的体现。美丽的女人有许多外在的共性,如精致的五官、匀称的身材、惹眼的装扮等。一个女人如果不具备这些条件或者只具备其中一两个条件,都谈不上是百分之百的美丽。

我们强调女人要让自己靓起来,其实是基于一种"美丽励志"的观点,即女人应该在天生的基础上,进一步提升自己的美丽。

你如果天生丽质,就一定要好好保养;你如果资质平平,那就努力提升;你如果外形真的很平凡,又不愿尝试整容,也不需灰心——不能做型女,还能做气质女。注重修炼、培养内在的美丽,如善良的品质、温柔的脾性、智慧的大脑、豁达的胸襟等，也可以完美演绎气质女的形象。这虽然看起来好像是退而求其次，但实际上还是有机会扳回局势的。还记得《简·爱》中的女主人公吗？她自然谈不上是型女，然而却是典型的气质女，因此能够走入男主人公的内心，并深深地打动他。

要做气质女人，你便要学会恰到好处地流露出自信的韵味。在这个竞争激烈的社会，自信是走向成功的通行证，自怨自艾、柔弱无助的美女正在日渐失去市场。即使是靓女，如果没有自信，她也会遭遇滑铁卢。资质平平的女人如果不能展现自信，便更容易湮没于人海了。

气质女人通常有一种高贵的风度。这种高贵并非指出身豪门、地位显赫、财富万千、颐指气使，而是指心态的高贵，是一种自珍的优雅与适度的矜持。在小仲马的《茶花女》中，男主人公爱上风尘女，只因为那个女人气质高贵，又有十足的女人味。这种女人往往会给男人生活的信心和勇气，因为她们的生命里潜存着一种净化男人心灵、激励男人斗志的人性魅力。现代女性要做到不媚俗、不盲从、不虚华，自然少不了要有这种让男人倍加欣赏的高贵气质。这样的风度不仅让男人放心，乐意把爱托付给你；也让男人更放松，从而专心于事业，使他的身价节节攀升。

气质女人还具有善解人意、通达人情的个性，相处时让人如沐春风。这样的女人可能不如型女引人瞩目，但是在人际关系的处理上更胜一筹，更容易左右逢源。在现代职场或者生意场上，气质女人更容易创立一番自己的事业，使自己的身价扶摇直上，远非那些只是以男人为依托的美女所能比拟。

自信、高贵、通达人情，正是现代女性应具备的三种气质。在世人眼里，具备了这三种气质的女人永远是受欢迎的。女人如果品貌俱佳，那当然无往

而不利;女人如果外形无法做到优胜,在气质上下功夫,也一样能够提高身价。总之,在18~22岁的这几年里,女人要夯实自己的身价基座,内外兼修。

不轻易让渡的美丽更有价值

女人的美丽虽然价值千万,但也得有适合发挥作用的舞台。如果将美丽草草兑现,像早产一样,那么其价值往往会缩水,甚至血本无归。我们知道,女人的美丽,受众主要是男性群体,也就是说,女人的美丽一般由男人来买单。但是怎样让男人出价,什么时候让男人出价,是一门高深的学问。

距离产生美,男人往往会不惜代价去追求美女,千辛万苦,跋山涉水,等到手之后态度却180度大转变,这往往使美丽的女人措手不及。有些男人就是这副德行,永远是吃着碗里的,惦记着锅里的。女人最大的贬值,无疑是轻易将自己交给一个男人,却被他抛弃。与其把美丽轻易交与他人,不如与之保持若即若离的距离。这样既给对方留下了美好的幻想,也给自己留了后路——等待真正值得让自己的美丽发挥最大价值的人出现。

很多靓女身价贬值,就在于她们太随意地对待自己的美丽,轻易地让自己名花有主,或是肆意挥霍美丽青春,只求一时尽兴。这就仿佛在做一个木桶,本来应该是加高加固的时候,却在底部凿了一个洞,结果水就在不知不觉间流光了。美丽是女人得天独厚的资本,但女人如果不好好珍惜,只会使自己得到一个平淡甚至悲惨的结局。

西方社会曾流传这样一种说法:上层贵妇拥有美貌是幸运,中层妇女拥有美貌是浪费,底层妇女拥有美貌是灾难。狄更斯的《双城记》中就讲述了一个因为美貌而屡遭不幸的底层妇女的故事。当然,在重视人权的今天,不

18~22岁 美丽，女人幸运的"基座"

可能再发生这么悲惨的故事，但是对于女人来说，拥有美貌的幸与不幸，往往决定于一念之间。因为美丽女人受瞩目的同时也更容易受到诱惑，而这种诱惑通常是短暂又无益的。如果屈从于这些诱惑，那么最好的结果也不过是做了阔太太；如果不幸被始乱终弃，那么其人生就会跌落谷底，很难重新开始了。

微雨是笔者的高中同学，她长得非常漂亮，遭遇却令人唏嘘不已。微雨是我们的校花。成绩优秀的她，原本可以考上重点大学，找一份稳定的工作，挑一个金龟婿，生活顺风顺水，但是她的美丽反而成了幸福的陷阱。微雨被一个高年级同学猛烈地追求。那个男生家里非常有钱，其父是当地首屈一指的实业家，家庭资产过亿。而且这个男生除了痞劣之外，并不是肥头大耳的公子哥形象，倒是高大瘦削，也算得上英俊。

微雨开始还抵抗，但终于敌不过自己的虚荣心，在她看来，县城首富的公子还是有光环的。就这样，她早恋了，不仅荒废了学业，而且还偷尝禁果怀孕了。虽然男方承认了这段婚姻，两人确实在她高中毕业之后结婚了，但是婚后公子哥不务正业的纨绔面目暴露无遗，不仅整天吃喝玩乐，还染上了毒瘾。他的父母担心他会败光家底，就和他断绝了关系，留给他们几套房产和几百万的现金，但这也抵不过吸毒的巨额花费。

为了女儿，微雨和那个公子哥离了婚，重新开始找工作，但高中学历的她找工作谈何容易！她虽然美丽，但作为带着女儿的单身妈妈，再想寻觅一段新的婚姻亦非易事。在和一些未婚男性接触的过程中，微雨发现，有些男人只是想和她"交个朋友"，其不良动机一目了然；有的虽然想和她好好过日子，却担心这样漂亮的女人以后会给自己惹麻烦。总之，她的第二次婚姻，

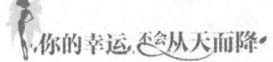

就一直悬在那儿了。

像微雨这样的女人并不在少数,本来可以依托自己的美丽,不断提升自己的身价,却因为一时糊涂,葬送了自己的美好前程。美丽的女人应该更珍惜自己的美丽,将好钢用在刀刃上,让美丽在恰当的时机发挥作用。这样才能有效提升自己的身价,将自己永远增值。在18~22岁这个年龄段中,女人的心智还不是特别成熟,所以更应该谨慎对待自己的美丽,不轻易让渡美丽,不让原本珍贵的美丽大打折扣。

为什么不向美丽征税

不管你愿不愿意接受,"美女经济"正笼罩着我们每一个人。很多人抱怨,既然女人的美丽是一种资本,漂亮女人的确更容易获得生活和职场的成功,那么为什么不对这种不公平现象开刀,比如向美女征税?实际上,虽然美女们本身会因美丽获利,但她们同时也在为推动社会经济贡献着力量。

每个国家都会想方设法地刺激消费和经济增长。而经济学家发现,可以利用美丽的资源,去制造消费、刺激消费,推动经济的增长,这便是所谓的"美女经济"。因此,任何一个国家,都只会乐于看到更多的美女出现,而不会向美丽征税。一个城市,经济越发达,那里的美女就会越多,这已经是衡量世界级城市的重要标志了。例如法国的巴黎、美国的纽约、日本的东京、中国的上海,无一不是美女如云,她们在吸引眼球的同时,也推动着消费的热潮。

对于18~22岁的女人来说,这是最佳的塑形期。既然政府不会向美女征税，而是鼓励女人越美越好，那么我们更应该利用这段时间，积蓄、绽放自己的美丽资本。

美丽是无形的资本

孔子早就说过，"吾未见好德如好色者也"，意即人们对道德的追求并不像对美色的追求那样急迫、热烈。撇开说教不谈，这句话还暗含了一层意思，即看得见的美貌无疑更吸引人。英国大才子王尔德甚至直截了当地说："只有肤浅的人才不会以貌取人。"于是，女人们大多会在美貌与智慧之间选择美貌，因为她们知道男人选择女人时用眼多过用脑。美女无论其具体的做事能力如何，大都具备一种本领，那就是让男人献殷勤。

大量事实证明，身为美女，确实可以在生活、工作上获得比普通人更多的便利。当一个高挑、苗条、匀称身材的女子包裹在一袭淡粉色连衣裙下，头发高高绾起，用同样的粉色发圈束住，脚穿粉色平底芭蕾舞鞋，那种青春的美态令人惊艳。想象一个场景：美女手中拖着一个沉重的皮箱。就在这时，像老套的电影桥段一样，从一旁蹿出一名男子，冲上前殷勤问道："小姐，是否需要帮忙？"即使遭到美女的婉拒，男子仍不死心，又会搭讪："你也去坐地铁吗？你坐到哪站下？"无论美女说到哪站下，男子肯定会说："我也是。"

一段类似《茜茜公主》中的经典台词"我也是"的对白就此开始。

意识到美丽是无形的资本之后，我们不说全力以赴，至少应该大力提升自己的美丽值。很多女人之所以忽视美丽的重要性，是因为没有意识到在人生的每一个关键环节中美丽所发挥的重要作用。她们如果意识到这些，相信也不会只是眼睁睁地看着别人美了。

在婚姻关系中，中国人讲究门当户对，其实在门当户对中，外形也是很重要的。因为门当户对也不是只此一家、别无分店，还是有很多对象可供选择的。因此，即使那些信奉门当户对的男女，也肯定会进行这样的筛选：首先是门当户对，其次是形象较好，再次是品行贤良。由此可见，外貌还是占有重要的位置的。

至于在社会生活中，一个美女所受到的优待就更明显了。美女养眼，随时随地吸引着男人们的目光，人气超高。既然粉丝众多，那么美女做事时得到的便利和帮助肯定也比一般人多很多，这是美女在工作岗位上的优势。又比如在会议和宴会中，美女肯定肩负外交使命，这样一来，美女在老板心目中的地位就又不一样了。

而在创业过程中，美女所能动用的人脉资源，也相对更为丰厚。经济学家发现，决定创业成功的重要因素是创业者的人脉资源。人脉即钱脉，这一点已经得到越来越多人的认可。对于美女创业者来说，除了丰厚的现有人脉资源外，开发新的人脉资源也是很容易的事情。如果将人脉积累比作滚雪球的话，那么一个美女推手无疑会更擅长。

对于那些喜欢化妆、喜欢光顾形象设计师的工作室、喜欢进行个人包装的美女来说，她们肯定已经深深意识到美丽作为无形资本的重要性。相信越来越多的女人，会将打造美丽作为自己成功学的第一门功课。

美丽带来的便利是否公平

为什么很多女人不能生动地演绎美丽，即使在18~22岁这样的大好青春年华？因为她们对美丽的判断误入歧途，将它当成了应该批判的元素，没有正视美丽带给社会的积极作用，而是片面停留在其对美丽的负面印象上，视美丽为祸水了。

其实美丽不是祸水，而是活水，能够给自身带来很多便利因素。从最俗的角度看，女人首要之举就是长一个漂亮的脸蛋，即便是先天平凡，也要在后天努力改造，争取把这张脸弄得漂亮些；其次才是注重能力、修养、素质……这样的论断虽说有些片面，但确是不争的事实，很多女人都不会否认，即使有诸多抱怨。在学校、单位及其他任何地方，人们都把最多的目光和机会给了漂亮的女人。

美女是否应该为此缴纳税款，如同一个人为他的高收入纳税一样？如果你扪心自问，是愿意坐下来和美女喝一杯，还是愿意面对一只黑熊，也许就不难理解美丽对他人也是一种福利。也就是说，美丽带来的便利是公平的，正如才华、财富和品德一样，不仅是其拥有者自身的无价之宝，也能让身边的人赏心悦目。认识到这一点，美女们就可以无须愧疚，大方地展示美丽，让美丽提升自己的身价。

一个人的外表是天生的。现实生活中，那些天生美丽的女人，在起跑线上就已经超越了别人。无论是"超女"的选拔，还是平时生活中的求职应聘，都充分体现了美丽的优先权，相貌平平者要付出更多的努力才能赢得青睐。虽然这看上去显得有些不公平，但静下心来想想，非得让天生具备外貌优势的人和天生不具备外貌优势的你平等竞争，这也是一种不公平，同时也是一种资源和成本上的浪费。

在20世纪七八十年代，中国老百姓还没有意识到美丽不仅是一种个人特征，也是一种成功的资本。当时几乎是个"素颜时代"，所有的女人只追求五官端正，而不敢将自己的美丽更进一步释放出来。时至今日，女人的观念有了革命性的变化，不仅不羁地展示美丽，也不惮追求美丽，丑小鸭也要变天鹅，这是积极向上的生活态度。我们以前听说过"仇富心态"，然而，现在的人们则意识到要尊重财富，因为只有尊重财富，自己才可能也变得富有。同样的过程也出现在人们对待美丽的态度上。以前我们将"狐狸精"的称号扔给美丽的女人，怀有"仇美心态"；现在知道，美丽也是一种资本，只要合理利用，是无可厚非的，而且只有尊重美丽，才能让自己也美丽动人起来。

整个社会，忽如一夜春风来，千颜万容美丽开。这些丽人，大方地展示自己的魅力，从而为自己赢得了幸福成功的人生。对于其他后知后觉的女人来说，与其嫉妒腹诽美丽女人，不如及时地积极行动，让自己美丽起来。既然美丽能带来便利的观念已经深入人心，那么只有尽早将自己也变得美丽起来，才能让自己和那些美丽的既得利益者的差距缩小。大家都美丽了，美丽带来的便利就更不会招惹非议了。

美丽激发新的经济增长点

在市场经济飞速发展的今天，女人的美丽已经发展成为一种资源，美女和其他生产要素结合，就会产生人们所需要的产品。"漂亮的脸蛋能出大米"，这是20世纪70年代一部朝鲜电影中著名的台词，而这句话在市场经济时代得到了充分的印证。早在2002年北京国际汽车展览会上，一位知名美女在汽车前站一天就可以获得6万元报酬，而汽车厂家从中获得的收益就更不是金钱能衡量的了。

美女们近乎完美的"黄金分割""三庭五眼"的体貌,让参观者产生了视觉上的满足感。人们这种对美女的认同,会爱屋及乌地投射到促销的商品上。这种连带的审美效应,便是美女经济的真谛所在。

商场无处不飞"花",知识是有价的,美丽也是有价的。当美女和飞速发展的经济结合在一起,就产生了美女经济,而如今正是美女经济兴盛的时代。现在,无论走在哪座城市的街头,你不经意间都会看到某位时下正红得发紫的明星在广告牌上以深情的表情为某公司某产品做宣传。从北京北宫门到西单沿途十多个地铁站能看到一百余位美女,令人应接不暇。

再看路边的报刊亭,那些印刷精美、售价不菲的女性杂志,几乎所有的选题创意都围绕着美女图片来演绎,文字在某种程度上倒成了点缀。美女玉照成为某些报纸刊物提升发行量的杀手锏。高科技企业也不甘示弱,纷纷选择大牌女星做自己的代言人,如腾讯将刘涛酷气十足又不失优雅的造型搬上了荧屏,联想则选用了大气而端庄的内地女星范冰冰。与此同时,手机广告的明星大战也愈演愈烈。华为mate9全球发布会上,美女代言人斯嘉丽现身,high翻全场;小米手机则选用刘诗诗为自己代言红米手机;而美图手机也不甘示弱,邀请了Angela baby为其代言。

借用美女的强大吸引力来赢得媒体和大众的关注,已经成为一种并不少见的营销手段。美女们以"形象代表""亲善大使""产品代言人"的面目为厂家商家建下不少奇功。对于很多产品而言,用年轻美丽的女性做代言人,确实能吸引众多消费者的注意,从而产生较好的宣传效果。

美女牵着经济跑。美女对于经济发展的促进作用已经被广泛认可。例如,时装设计大师阿玛尼制作的时装售价2万美元,其面料和制作成本只需要1000美元，而其余的价格则蕴含着其文化意味：大师设计、样式、风格、色彩、时尚、个性、地位等。但业内专家认为，品牌时装的文化意味往往要借助美女模特的展示，才能向更多爱美的女性传达。一场时装展举办得成功与否，直接关系到一个品牌在整个季节的服装销售情况。所有这一切都印证了一种说法，叫作"利润女人给"。因此，厂家、商家都在不遗余力地繁荣着美女经济，这也使得美女的身价得到了最直观的体现。

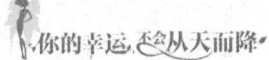

要做抢手货，不做滞销货

很多人不知道如何表现自己，也意识不到个人关注度的经济价值。西班牙著名学者葛拉西安告诉我们："欲求成功，应重外饰，再求研思美德与恶德，使修养由表象进入内在。"因为我们的认知一般都是从事物表面开始的。女人，只有做到自立、自强、美丽动人，同时又会推销自己，才能避免滞销，从而成为抢手货，进而提升自身价值。对于18~22岁的年轻女性来说，不管是让自己的外形更美丽，还是让自己的内在更有魅力，根本目标都是让自己成为万众瞩目的焦点，成为抢手货，而不是被遗忘在角落里。

社会呼唤淑女的回归

中国女性给人的印象往往是温柔贤淑的。然而，随着"80后"这一批独生女长大成人，中国传统女性的形象正在逐渐被颠覆。但是，"80后"的这批女性在婚姻和职场上也遭遇了很多挫折——闪婚、闪离、宅女、啃老族，绝大部分都是80年代出生的女性。究其原因，特立独行的思维方式和眼高手低的行为特质，导致了她们人生中诸多的不如意。

从小娇生惯养，父母的溺爱和迁就造就了一大批霸道任性的小公主，她们总觉得发脾气是天经地义的，是女人的特权，反正现在男多女少不愁嫁。正好还有一大帮眼光奇特的男性推波助澜，中意"野蛮女友"，觉得这样的女性可爱，义无反顾地从她们父母手里接过宠爱的接力棒。

韩国电影《我的野蛮女友》热播，是很多18~22岁女性趋于野蛮的导火索，这种新鲜感给这代人的心理带来的影响难以估量。女人野蛮任性，因为觉得这就是个性；男人爱野蛮任性的女人，因为觉得新鲜，顺便可以表现一下自己所谓的宽阔胸怀。于是中国女人从此彻底作别淑女，开始毛毛躁躁、风风火火。

几年过去了，现在满世界都是这种女人，再也没有最初的新鲜感了。这时男人们想明白了，审美疲劳了，开始奏起野蛮女友时代的终结曲。以女人的野蛮为美，这种审美原本就只是源于男人的新鲜感，没有任何道德支撑，一旦这种新鲜感消失，喜欢会直接变为厌恶。任何短期风行并泛滥的东西最终都逃不过恶俗的命运。人们渐渐开始怀念昔日的女性，而"淑女"这个词也被迅速重提，并且呈现星火燎原之势。

什么是淑女？出口成"脏"、当街抽烟的肯定不是淑女。当然，淑女也不是古代那种被传统礼教束缚的女人，因为传统礼教磨灭了女人应有的魅力和价值。我们今天所提倡的淑女，是拥有传统美德又不失现代社会价值观的淑女。她们不必笑不露齿，也不必自矜素颜，但她们仍然应该是娴静优雅的，在形体和举止上是有分寸的。

并不是要求每个女人都去做淑女，而是说，当下社会的审美观在向淑女靠近。淑女可以是随性的，但这种随性要得体、有度。比如穿衣方面，不是说淑女必须穿长裙，只要大方得体，任何穿衣风格都可以——但穿奇装异服的肯定不是淑女。在妆容上，略施粉黛很得体，不要把脸当调色板。从气质上来说，淑女最重要的是要大气。大气是一种雍容典雅、从容不迫的人生态度。在生活中，大气会在一些女人身上体现为超凡脱俗的优雅气质。无论你是华衣美食还是箪食瓢饮，无论你是安居广厦还是寄居茅舍，只要内心从容淡定，拥有良好的修养，就可以成为一个大气的淑女。大气者在于识大体。识大体的淑女具备正确的价值观，明白事理，道德观念强，有羞耻之心，在说话、做事之前首先会考虑到他人的感受。

淑女并不是与他人格格不入，自命清高。淑女是感性的，也是理性的，懂得尊重别人的选择，也能认可他人的生活方式。热情地对待生活，宽容地对待别人，淑女往往有着强大的亲和力。淑女不是柔弱女子，她们也可以是女强人，只是这种"强"是内心坚强的自然流露，而不是刻意追求的强悍，因此不会令人望而却步。淑女的性格应是外柔内刚、刚柔相济，在柔情似水的外表下，跳动着一颗坚强的心。

18~22岁的年龄段，正是培养淑女气质的最佳时机。"静女其姝"，"宜其家室"，这样的女人自然是大受欢迎的，会受到男性的珍惜。东南亚国家的一些华裔富商，选择儿媳的首要条件就是贤淑，哪怕你是炙手可热的明星天后，也必须要有淑女范儿才行。由此可见，在传统回归的今天，淑女风范是女性身价的一个闪光点。

"风骚"不是坏事

在一次旅行中我翻阅报纸，无意中看到一行醒目的大标题：女人风骚才可爱。"风骚"这个词在很多人眼里，似乎是一个贬义词。事实上，"风骚"是一种源于天性、本心的自然流露，是快乐女孩的无拘无束、天真烂漫，是知识女性的质朴自然、不事雕琢，是贤妻良母的温柔内敛、善解人意，是古典女人的沉着细腻、优雅浪漫。这一切跟行为举止的放荡无关。

想来身为女人，或多或少都是有些风骚的。这是女人的天性，和读书多少无关，和知识修养高低无关，和出身背景高低无关，甚至和相貌是否美丽也无关。很多女人天生骨子里就带着风骚和妩媚。这样的女子随风走过，就能勾起男人梦幻般的绮思。这样的女子是天生尤物，释放出迷人的气息。而男人像蜜蜂一样，闻香识女人，对其追逐万里、陶醉沉迷。

在中国历史上，皇帝们往往坐拥后宫三千佳丽，贵为皇后的没有几个能被人记住，而那些被唤作"媚娘"的女人们，"回眸一笑百媚生"，却能集"三千宠爱在一身"。还有那些风流美貌，却被唾为红颜祸水或为人不齿的青楼名妓，她们的故事在世间广为流传，令无数男人生出"救风尘"的渴慕之心。不懂释放风骚本性的女人容易被礼教所禁锢，端庄矜持得近乎虚伪。而那些无所顾忌，甚至特意展示风骚的女人则或嗔或喜，或娇或啼，一举一动都牵动着男人的心。

现实生活中，越是看上去优秀的女性，越是容易让男人望而却步。其中除了传统的男尊女卑心理作祟外，恐怕也不能排除这样的女性因过于端庄矜持而缺乏风骚的女人味，因此让男人敬而远之。一个不能敞开自己情感、不能释放自己本性的女人，只会让男人很累，让男人觉得不堪重负，以致落荒而逃。东北秧歌中有这样的歌词，"大姑娘美来大姑娘浪"，这个"浪"字恐怕也是风骚的意思，而不是"放浪"的意思。大姑娘因为美而浪，大姑娘因为浪而美。

风骚，实在是值得女人用毕生精力去探索的一个课题。在18~22岁的有闲阶段，女人在怡情冶容之余，不妨琢磨琢磨"风骚"之道。有人曾经说过，女人可以略输文采，不可稍逊风骚。风骚的女人才是完整、真实和美丽的女人，才能让自己的美丽价值得到完美体现。

做个聪明"笨女人"

环顾四周，你会发现"笨女人"似乎已经成了一种稀缺资源。我们身边的女人，个个都精明得像一台功能强大的超级计算机。那些恨不得长出三头六臂的女人，别说她"笨"了，你就是夸她谦逊，她都要跳起三丈高，就像她自己吃了很大的亏一样。对于女人来说，适当的"笨"不是无知、言行无常，更不是装疯卖傻，而是大智若愚。"笨"，就是不要心机，用一颗平常心生活。这是一个女人需要长期历练才有可能具备的一种完美品质。

男人都爱"笨女人"，这样的爱并不是挂在嘴边的夸赞，也不是"原来如此"的点头认可；男人对"笨女人"由衷地欣赏、喜欢。男人希望"笨女人"成为自己挚爱的老婆，成为自己贴心的朋友。如果一个男人这样表扬一个女人——"这个女人真厉害！""这个女人很精明！"其实他已经将她打入了冷宫。别说和这个女人有什么密切的交往，哪怕是不得已的相处，这个男人也会多长个心眼，而更大的可能就是敬而远之。

"笨女人"善于发现男人的优点。她不会对男人要求太高,她接纳男人的缺点就像接受自身的不足一样;而对男人身上那些让所谓精明女人不屑一顾的小细节大为欣赏,比如烧得一手好菜、会陪着孩子玩一下午泥巴或外出游玩聚会时总是担当保管员角色等。"笨女人"对这样的男人表达爱意,也绝对不是当着众人与之热吻或激情拥抱,她们只是随意地为男人拽拽衣服下角或拍拍男人身上的灰尘,可这些小举动却会让男人特别受用。

"笨女人"对生活要求不高,她不会在意房子的大小,不苛求男人给她买多么贵重的礼物。"笨女人"活得很幸福,她们能够敏感地捕捉到生活中点点滴滴的快乐,同时对于生活各方面的压力、各种痛苦也有很强的承受能力。"笨女人"会因为男人给她买的一件并不昂贵却得体好看的衣服而高兴,会为男人的一句"今晚的面条真好吃"而开心,这就是所谓的"知足者常乐"。因此,和"笨女人"生活,男人更放松、更舒服。

所以,当"宝马女""拜金女"们在节目中大放厥词的时候,"笨女人"却在默默地收获自己的幸福。男人不是蠢材,他们知道什么样的女人才是自己梦寐以求的人生伴侣。牙尖嘴利、惊世骇俗者可能会赢得一时的关注,但从长远来看,令人想陪伴一生的女人绝对是大智若愚的"笨"姑娘。

社会学家提出一个词叫"钝化",意指那些表现有些木讷和笨的人。这些人和现代快节奏的生活似乎有些脱节,但其生活更为稳定和幸福。"钝化"也就是一种"慢下来"的节奏。在经济快速发展的今天,能够做到"钝化"和"慢下来",其实是一种了不起的生活智慧。在18~22岁的身价修炼期,女人可以适时地让自己慢一些,而不要事事都去争抢,否则只会牺牲自己日后的人生价值。

抓住机会,勇敢"秀"自己

爱"秀"的女人并不代表她就是个爱炫耀的人。要想在众多的同类中脱颖而出,女人必须要学会展示、介绍和推销自己。对于18~22岁的女人来说,如果这个时候都不敢大方地展示自己的美丽和才能,那很难想象以后年老色衰时如何去充满自信地赢取成功,提升自己的身价。美丽的女人都应该记住,即使你是千里马,也得学会展示,这样你的能力才能让人知道,你才可能遇见你人生中的伯乐。只有在机会面前充分展示自我,你才会抢占先机,不让机会白白流失。当你抓住机会勇敢地"秀"出自己,成功地推销了自己,你会发现原来美丽的女人也需要表现才会成功。

女人爱美"拼"出来

很多人固执地认为,打扮是多此一举的,是一种无聊,是一种奢侈。但如果你年轻的时候就被这样的想法所误导,以至于糊里糊涂地度过了十多年,从来不注重打扮,更不用提做美容、塑体之类的事,等到需要"为悦己者容"的时候，该怎么办？突然之间你发现自己竟然对美丽装扮一无所知，既不会搭配衣裤和鞋子，也不懂得选用合适的化妆品和香水，好像和美丽时尚一直无缘。受到打击之后你才可能意识到，原来会打扮也是展示自己的重要方法之一。

女人的美一般都是搭配出来的。就像有人对脸蛋的描述一样：单个器官放在一起比较，差别并不是很大，但组合排列之后，或者是美若天仙，或者是貌不惊人。穿衣打扮也是一样的道理，懂得搭配的女人能把廉价的衣服穿出气质与时尚；而不会穿衣服的女人，即使把名牌衣服穿在身上，都是没有"样儿"的。会搭配服装的女人，毫无疑问是漂亮的女人、自信的女人、魅力四射的女人，也是聪明的女人。打扮需要动心思，它不仅装扮了女人的外表，更培养了女人的品位。

会打扮的女人也是幸福的女人，因为不仅每天可以欣赏自己的美丽，还可以给身边的人带来好心情。没人愿意看到一个蓬头垢面的女人。不论是爱情还是事业，机会都会更多地留给会打扮的女人，也就是有品位的美丽女人。

会打扮的女人最懂男人心。她们打扮除了为吸引自己心仪的男人，也是有其他社会性目的的。再漂亮的女人也要通过服饰和化妆品来展示自己，以求与竞争对手相比更胜一筹。当然，女人的聪明才智也是男人所关心的，但很大程度上每个男人更会为女人的美貌而倾倒和叹服。男人嘴上说只爱女人本身，其实他们的一部分爱是付给了女人的装扮。爱打扮的女人是最懂得男人心理的。如果没有女性各式缤纷打扮，这世界不是太单调了吗？

巴尔扎克曾经说过，"服装体现的就是人本身"。每个女人天生都喜欢漂亮的服饰，但是穿着品位并非每个女人都能掌握。

一家知名公司要招聘一名总经理助理。前去应聘的有200多人，经过多层筛选后留下两个女孩子——一个长得漂亮且各方面条件都很优越，一个长相普通却很会着装。大家都以为成功入选的一定是前者，然而结果却是后者。大家都很疑惑，为什么不是前者呢？人力资源经理回答道："她两次面试穿的是同一件衣服，但是我注意到她衣服的一个扣子快要掉了，她却一直没有钉好。"很显然，第一个女孩虽然优秀，但并不适合助理的职务，一个细节出卖了她。

"云想衣裳花想容"，在今天这样一个个性张扬的时代，女士们的着装亮丽而丰富多彩。得体、时尚的穿着，不仅可以将女性衬托得更加美丽，还可以使女性良好的修养和独到的品位大放异彩。真正的格调是无处不在的，任何一个平凡的人都可以让自己更有气质，更有吸引力。

做一个善于推销自己的高手

在现代社会中，人人都是推销员。推销自己对于年轻女人尤其重要。不论你身在何方，从事何种职业，都是自我的推销员——你随时都在向别人推销你的观点和意见，希望别人认同你、接受你、欣赏你。推销自己，就是展示自己，但这不同于吹嘘浮夸。恰当的言谈举止、社交礼节、学识修养的展示，不仅能使别人对你产生一定程度的好印象，也使你自己能更有效地完善自我、顺应社会。

张小静是一所普通大学的毕业生，临近毕业，她开始在网上找工作。有一天，她在网上看到一份适合自己的工作，于是就把简历发了过去。下午她就收到了面试通知，公司让她第二天早上8点去面试。

第二天，小静准时赶到面试地点，却沮丧地发现前面已有35个求职者了，她排在第36位。由此可知，这份工作是多么抢手。那么多人抢着应聘这份工作，其中不乏名牌大学的毕业生。小静想："如果我就这么等下去，说不定轮到我之前老板早已经确定人选了。"于是，她急中生智，拿出一张纸，在上面写了些字，礼貌地递给工作人员说："不好意思，麻烦你马上把这张纸条交给你的老板，这非常重要。"

工作人员把纸条交给老板，老板一看，笑了，只见纸条上写着："尊敬的HR，我排在队伍的第36位，在您看到我之前，请不要轻易做决定。"因为这句话，老板对小静的印象非常深刻，觉得她是一个很会推销自己的人，而公司招聘的岗位正是销售员，她应该是合适的人选。于是，小静战胜了诸多竞争对手，被公司高薪聘用。

这个故事告诉我们，想要获得成功，就需要学会推销自己。有的女人也许会说，我是想推销自己，可是不知道如何推销。下面几招推销自己的方法值得借鉴：

一、列出自己的优点。先列出你的各种资本，即你的优点。要问你自己："我有哪些优点？"在分析自己的优点时，要实事求是，不要夸张，也不用过于自谦。

二、找准推销的对象。推销之前，确定对象欣赏的推销风格，不可对牛弹琴。如果你的推销对象（无论是爱人还是公司老板）不认可你推销的风格，你的表现再好，也只是白费力气罢了。

三、适度地展示自己。推销自己不是吹捧自己，也不是故意阿谀奉承，拍对方的马屁；而是展示真实的自我，给自己的美丽和才能找到一个适当的表现机会。

成功学家卡耐基说:"不要怕推销自己,只要你认为自己有才华,你就有资格认为自己能担任这个或那个职务。"是的,卡耐基说得非常准确,只要正确认识到自己的美丽和才华,你就有资格展现和推销自己。只有勇于推销自己,你才能为自己创造实现理想和人生价值的机会。

只有足够自信,才能抓住机会"秀"自己

很多成功人士都告诉我们,要学会展示自己。所谓"展示",其实质就是自信。没有自信,就无法展示自己的美丽和能力。有人问居里夫人成功的秘诀是什么,她回答说:"恒心和自信心,尤其是要有自信心。"美国的爱默生也认为:"自信是成功的第一秘诀。"自信,就是相信自己的能力,相信自己能够获得成功。自信心是克服困难的巨大动力,是发挥个体潜能的前提,是成功女人必备的心理素质。相信自己,才能去创造美好未来。

常言道:"勇猛的老鹰,通常都把它们尖利的爪子露在外面。"人们应该积极地表现自我,女人应该展现自己的美丽,这不是一样的道理吗?

有一位女歌手,第一次登台演出,内心十分紧张。想到自己马上就要上场,面对上千名观众,她的手心都在冒汗:"要是在舞台上一紧张,忘了歌词怎么办?"她越想心跳得越快,甚至产生了打退堂鼓的念头。

就在这时,一位前辈笑着走过来,将一张纸条塞到她的手里,轻声说:"这里面写着你要唱的歌词,如果你在台上忘了词,就打开来看一下。"她握着这张纸条,就像握着一根救命的稻草,匆匆上了台。也许因为有那张纸条握在手心,她的心里踏实了许多。她在台上发挥得相当好,完全没有失误。

她高兴地走下舞台，向那位前辈致谢，前辈却笑着说："这上面什么也没有写，只是一张白纸。但你握住的并不是一张白纸，而是你的自信啊！"

歌手拜谢前辈。在以后的人生路上，她紧握自信，战胜了一个又一个困难，取得了一次又一次成功。

可见，自信完全掌握在自己手中。只要拥有自信，每个人都可以拥有美好的明天！

自信心是要通过自我表现不断加强的。只有将自己的能力、见解充分展示出来，才能真正看到自己对他人的影响力，才能从这种影响力中获取足够的自信。缺乏自信的女人不会美丽，也不会快乐。而想要做一个自信的人，应该从现在开始，不断地培养和增强自己的自信心。只有这样，才能在机会降临的时候，信心满满地去抓住它，把握它，从而不断提升自己的身价。

漂亮女人人人爱，聪明女人会恋爱

在绝大多数女人的灵魂中，爱是一种占支配地位的激情。18~22岁的女孩站在青春的台阶上，天赐的美丽动人，自然会吸引无数的目光。这个年龄段也是恋爱的高发期。但是恋爱要怎么谈，才能让自己的美丽增值，是很多漂亮女孩没有留意到的。不少漂亮女孩将自己的美貌当作恋爱的资本，认为长得不错，就能找到白马王子和钻石王老五的混合体。她们挥霍青春和美丽，视爱情为游戏，反正年轻漂亮，不愁没有男人来献殷勤。这种游戏爱情的心态，实际上除了招蜂引蝶的表面风光，只会让女人的美丽贬值。聪明的漂亮女人，一定能在恋爱中把握火候、讲究技巧。

漂亮女人往往错失美好爱情

现在是一个经济思维活跃的社会，人们都要遵循经济学原理做事。恋爱是男女双向选择的结果，在经济学中就牵涉到需求度和满足度的问题。漂亮的女人肯定是男人追慕的对象。但可选的对象太多，往往也会挑花了眼，或者是高不成低不就，和理想的人选擦肩而过；或者是在飘飘然的情况下丧失判断力，以为捡到篮子里的就是菜。因此，漂亮女人的遗憾，就在于大家都以为她会收获美好爱情，但事实可能恰恰相反。

18~22岁的漂亮女人含苞待放，周围总是围绕着很多自命不凡的男人。众星拱月之下，漂亮女人自然提高了心气和眼界，勾勒出的另一半的形象无疑是完美无缺的。她们渴望浪漫的快乐，等待白马王子的到来，为此不停地挑选。她们有太多的机会，却把握不住。她们喜欢捉弄机会，喜欢用短暂的浪漫来展示自己的与众不同。她们经常告诉追求者"你只是他们中的一员"。于是垂涎三尺的好色男们，八仙过海，各显神通，让涉世未深的漂亮女孩神为之摇、目为之眩，终于抵挡不住诱惑，投入某位花心大萝卜的怀抱。当然，这样的幸福，很有可能像肥皂泡一般短暂、易碎。

18~22岁的漂亮女人经常在不经意间把男朋友当作奴隶，因为她们觉得这是应该的，而同时她们自己却成为金钱和物质的奴隶。她们毫不客气地出入豪华场所，穿名牌的衣服，频繁地更换最新款的手机，那微微翘起的嘴角仿佛告诉男友："你的女朋友——我，是最漂亮的，享用这些是应该的。"这样做的后果就是，要么让自己沦为有钱人的花瓶，要么将优秀的男人从身边吓走。

18~22岁的漂亮女人热衷于"速食爱情"。因为是"速食"，所以花开花落只在瞬间，没有海枯石烂的时间保证。

漂亮女人所中意的男人都很出色，这样的男人自然也是其他女人争相下手的对象。于是，漂亮女人有了危机感，因为她们知道自己可以凭借美色吸引男人，而其他漂亮女人同样也可以。

18~22岁的漂亮女人应该自问:"什么是爱情?"还应该自问:"我是不是真的不需要真爱?"漂亮女人有耍酷的资本,但是耍酷换来的可能是虚假爱情的泛滥、真情实意的流失。这可能会让她们享受一时的虚荣,却换来后半生的遗憾。

总的来说,在18~22岁的漂亮女人里,错失美好爱情不是个别现象。其中有漂亮女人自身的因素,例如年纪轻轻、经验不足;也有社会大环境的原因,例如成功的男人会利用自己的各种优势俘获年轻美女的芳心。心理学家对18~22岁的漂亮女人有一个建议:美貌是上天赐予你的资本,要懂得充分利用,但同时不能把它当作人生的赌资。漂亮女人要学会珍惜自己的美貌,做一朵人人都艳羡的玫瑰,但也要有保护自己的刺。漂亮女人应该享受爱情,但是不要矫情;要懂得体谅自己的爱人,但是不要无原则迁就;要全心全意对他好,但更要会疼自己。

18~22岁的漂亮女人们不需急着谈恋爱,找男人不是找靠山,更重要的是考量男人能在多大程度上提升自己。如果男人仅仅是因自己的美色而倾倒,那么千万要警惕,毕竟女人的美貌不能长久——有多少美女能像赵雅芝那样,五六十岁还一如既往的优雅、美丽呢?

做个会恋爱的女人

对于18~22岁的女人来说,在享受恋爱的甜蜜之前,一定要学会谈恋爱。做个会谈恋爱的女人,不仅能提升恋爱的品质,也能有效提升自己的身价。

爱情是一种角力,是一个试探、磨合和互相适应的过程。很多人试着从心理学方面探讨爱情关系,这方面的著作数不胜数。诗人、小说家韩东在他的随笔集《爱情力学》中,将恋爱中的男女分为施力一方和受力一方,因其论证的严密性和角度的独特性,被白领小资奉为经典。当然,我们也不妨从经济学的角度来考量爱情,作为社会个体,恋爱中的男女其实也是经济行为体。谈恋爱谈得轰轰烈烈,那是不成熟的表现,并不值得提倡。会谈恋爱的女人,会通过恋爱使自己的价值得到提高,这才是谈恋爱的高手。

所以,18~22岁的女人要通过恋爱这一特殊的行为反省自己,将自己的优点和缺点放在这样的特殊情境中进行考量,这样会对自己有更明晰的了解。做个会恋爱的女人,意味着不仅享受恋爱的过程,也借助恋爱的过程充分挖掘自己的潜力。这样,女人才能对自己的实力了然于胸,才能提升自己的身价,避免成为男人的附庸。

那么,怎样做个恋爱达人呢?在聪明女人的恋爱宝典里应有以下几点:

第一,18~22岁的女人,要让自己"与众不同"。这其实只是心态问题。你不需要有家财万贯、天仙之貌或天资聪敏等条件,只要有脱俗的心态就可以了。这种心态散发出的自信光芒,会让自己的意中人在众多美女中一眼看到你。

第二,别太快向对方坦白自我,爱情是要循序渐进的。有些女人受到开诚布公的心理学说的影响,往往在最初几次约会时就过分暴露自我,畅谈自己过去的情史、自己的恩怨等,急于与新男友建立关系。这样做只会让自己陷于被动地位。

第三,永远比对方先挂电话。年轻的女人千万要记住,别主动打电话给男人,除非偶尔必须回他们电话。因为你是待价而沽,而不是急于出手,所以适度的被动,反而会考验出对方的真心。当对方打电话给你时,与他交谈的时间不可过长，这样可以避免透露太多私事或计划，而比他先挂电话可勾起他对你的征服欲望。

第四，别答应他的临时邀约。如果他周五提出周六晚上约会一类的临时邀约，要断然加以回绝。因为答应临时邀约，可能会让对方得出这样的结论：你现在没事做、没人约，而他正好填补这个空当。

第五，在第一次约会时坚守防线。这个观点可能显得老土，因为现在的年轻人对性已经不像以前那么保守了。但是，闪电上床，只会降低自己在对方心目中的重要性。心理专家提出，女人可以让男人得手，但不能让男人得逞。因为得手只是让男人的情感渴望得到满足，得逞却是让男人的欲望心机得以实现。

第六，不要企图改变对方。假设你遇见一个条件很好的男人，但是他某些方面还没有达到你的期望值，别试着改变他，因为江山易改，本性难移。聪明女人应该学会包容，包容对方的某些缺点，如果实在做不到，那就趁早放手。

作为女人，沉湎于情网而不能自拔是自己的一大损失。有的女人视爱情如生命，以对方为主导，将对方当成自己的全部，对方所有的喜怒哀乐甚至一个微妙的表情都能牵动她的心。两个人产生矛盾，先低头让步的也总是她。女人这样很容易纵容男人，让他更加骄傲和蛮横，以为女人一定不会离开他，也就不懂得珍惜这个女人。因此，聪明的女人一定不会让男人产生这样的心理，她会扩大自己的交际圈，除了那个他，她还会结交别的异性朋友。这样，那个他便会时时都有危机感，不敢造次。

聪明有度是真谛

漂亮的女人，固然追求者众多，但那是爱的被动层面。除此之外，还要讲究主动，即漂亮的女人也要学会爱。聪明的女人处理恋爱事宜虽然可以灵活，但也要注意度的问题。所谓"聪明反被聪明误"，就是提醒女人要做到聪明有度。18~22岁的女人处在黄金期，尤其要注意这一点。

中国人讲究做事的火候，即"多一分则多，少一分则少"的恰到好处，聪明亦如是。聪明女人的清醒、精明、冷静，渗透在生活的点点滴滴之中。但有时候也正是因为太精明，她们反而很难圈住幸福。

莉莉是个聪明干练的职业女性。一直以来，追求她的男人为数不少，他们喜欢的就是莉莉的这份聪明。但是莉莉的几次恋爱都以分手而告终。她太过于精明，让她身边的恋人觉得很累，不能放松地和她享受私密生活。很多成熟男人在几十年的生活历练里，早已懂得聪明女人惹人爱，而太聪明的女人则让人敬而远之——或许适合做事业上的战友，却并不适合做爱人。

该聪明应对的时候就聪明应对，该糊涂的时候也要装装糊涂，这才是女性处事的大智慧，这样的女性也更令人愿意亲近。

很多男人都希望身边相伴的女人既漂亮温柔，又有女性智慧。而那些只是聪明却没有智慧的女人，处事时只会刻板地遵守心里那些明确的条条框框，绝不对男人的过失或错误妥协，这便少了几分温柔与宽和。其实现实生活更多时候落在了柴米油盐的琐事上，才高八斗的男人在家庭生活中未必还需要一个旗鼓相当的对手，他或许更心仪一位能将家事安排得井井有条、善解人意的爱人。回顾历史，很多聪慧绝伦的女子大多情途坎坷、红颜薄命。

对她们而言，与其浮光掠影地被爱，不如深入骨髓地爱人。假如这个人值得付出感情，那么她就是红拂女，是祝英台，是朱丽叶，是倾尽一生泪水的绛珠仙子……过度的付出最后毁掉的是自己，所谓"情深不寿，慧极必伤"。

因此，女人的聪明要恰到好处，这样反而会使感情更加长久。

18~22岁 美丽，女人幸运的"基座"

出售青春要趁早

做人要做喜羊羊，嫁人要嫁灰太狼。很多时候，女人过得好不好，和嫁得好不好确实关系很大：嫁得好会幸福，会使自己的身价快速增值；嫁得不好生活不开心，身价也跟着缩水。的确，女人要嫁对人才能幸福，既能在最短时间内完成心愿，也能在以后的时间里集中精力提升自己的价值。嫁对了人就等于成功了一半。18~22岁的女人，就要提醒自己，早点找对人，让自己嫁对人。

青春无价，不要荒废年华

有人说，年轻就是女人最大的资本。对于18~22岁的女人来说，青春确实算是她们最值得珍惜和夸耀的财富，因为有青春做伴，每个女人都有着"咄咄逼人"的妖娆和性感！青春是宝贵的，是无价的，女人应该趁着年轻，及时把自己交给一个可靠的人。因为时间永远都不会等待一个磨蹭的人，特别是女人。

18~22岁的女人，或考上了大学，或步入了社会，但不管如何，都会面对或多或少的追求者。有的女人觉得，大学谈谈恋爱，只是逢场作戏，未必要当真。可是，如果遇到了合适的人选，为什么不能就此确定终身大事呢？

古希腊哲人说过一个关于麦穗的故事。一个人想要在麦田里摘取最大的麦穗，但是他不能回头。由于他总是担心前面会有更大的麦穗，结果错失很多大麦穗，到最后才草草出手，收获的却是很不起眼的麦穗，悔之晚矣。对于18~22岁的女人而言，千万不能这山望着那山高，好男人就是你要抓取的麦穗，千万别犹豫。以后你的交际圈可能会拓宽，但感情这个东西，错过了这个村，很可能就没有这个店了。

很多年轻的白领丽人都在感叹，自己连谈恋爱的时间都没有。其实不是真没有，而是工作和恋爱时常冲突，鱼与熊掌很难兼得。而一旦过了黄金期，就是皇帝的女儿也愁嫁了。

罗娟曾是苏州市的十佳青年。有一次，苏州大学委派学生去新加坡考察，罗娟担任考察团的副团长。在新加坡期间，她的英语水平和办事能力打动了同时参加这次活动的加州大学的华裔学生杰森。虽然在活动期间两人没有太多的交流，但彼此都很有好感。各自回国后，两人通过网络增进了了解，认定对方是自己人生中的理想伴侣。

大学毕业后，罗娟申请加州大学研究生成功，在美国和杰森结婚。婚后，杰森在美国硅谷从事软件开发工作，而罗娟也得以把全部精力投入自己的学业中。她的研究成果得到了加州大学的特别资助，是受资助的亚洲留学生中的第一人。

其实，对于女人来说，到手的幸福才是真实的。与其展望镜中花水中月般的美好未来，不如踏踏实实收获看得见的幸福。青春虽然无价，但也特别容易逝去，女人一旦青春不再，其身价在一些人眼里也便缩了水。所以，女人最好趁早找到情投意合的有缘人，嫁对人。

莫拿青春赌明天

"年轻没有什么不可以"，这句话不知道蛊惑了多少女人肆意炫耀和浪费青春，用内心的虚荣来诠释人生，用青春换取物质上的奢华，肆无忌惮地去追求所谓的爱情。她们谈情说爱，也许只是为了填补内心的那种空虚寂寞，根本不会去考虑自己所选择的是不是值得托付终身。所以她们的爱情如同昙花一现，开之绚烂，谢却匆匆。

《蜗居》一度热播，深谙人情世故的小说家六六告诉我们，爱情不止真心相爱那么简单，还要有物质的保障。难道一场爱情真的经受不住物质的诱惑吗？一个女人真的可以如此狠心，扔下以前深爱的男人，独自奔向她所谓的新生活吗？这是很多适龄待嫁的女人百思不得其解的问题。但女人一旦成熟，就会觉得这再正常不过。

牛郎织女只是个神话，梁祝也只是个传说，在这个现实的社会，传说和神话都是虚幻的，人们很难经受得住诱惑。很多女人抵御不住金钱物质享受、男人给予的安全感和男人甜言蜜语的攻势。

但是，有些女人因为有几分姿色，先做"二奶"、当"小三"，有了车和房子，有了数目可观的存款，然后从良嫁人了。幸福真的可以速成吗？

每个人都有追求幸福的权利，而幸福离不开富足的物质生活。有如此价值观的女人虽然用几年时间挣来了他人几十年也未必能得到的物质财富，但很可能她牺牲了后面的人生之路，因为她已经很难体会到隐藏在平淡琐碎生活里的满足和幸福了。

所以说，18~22岁的女人，不能视爱情为游戏，也不要轻易踏入"第三者"的泥沼中。青春苦短，与其做苦命的偷情鸳鸯，承受巨大的道德压力，不如光明正大地"出售"自己的青春，找到自己的真命天子。

女人若把自己的青春当作游戏的筹码，等意识到青春的可贵时就已经太晚了，当年华逝去的时候，只会因为自己曾经的无知而悔恨不已。多少妙龄女子玩弄青春，最终却伤害了自己。所以女人千万不能挥霍自己灿烂而珍贵的青春，做出让自己后悔的事情。

每个人都会有一段亮丽的青春时光。18~22岁的女人只有利用这段时光，为未来的幸福积蓄力量，才能创造人生的辉煌。否则，青春只会像夜晚的美丽烟花一样，在烟消云散后草草收场。

早嫁人，并且要嫁对人

男怕入错行，女怕嫁错郎。对于18~22岁的女人来说，如果想把自己嫁得好，就要认真考虑人选，至少找个可靠的、对自己未来发展有帮助的。

也有人觉得，嫁人而已，有什么难的，尤其是18~22岁的女人，明媚光鲜，如果抛绣球，必然是应者云集。可是，嫁对人就很难了。女人嫁对人，首先是对自身价值的一次实现，不管是影星嫁入豪门，还是公主嫁给灰小子，或是花魁娘子相中卖油郎，都是肯定自身价值的方式。其次，它包含一个后续的漫长的过程，需要通过婚后的生活和发展来证明自己的选择没有错。

著名戏剧家萧伯纳曾说过，女人一般都怀有两种梦想：和物质上获得成功的男人结世俗婚姻，和精神上取得巨大成就的男人结柏拉图婚姻。女人有这种想法，也无可厚非。

贫贱夫妻百事哀，"有情饮水饱"已经是传说了。美满的婚姻需要一定的物质基础与精神交流，二者缺一不可，所以女人选择多金男实在无可厚非。除了"富二代"，多金男一般都是成功人士，对人生有一份别样的历练与体会。和他们在一起，女人几乎不会有"百事哀"的体验，而是会更有安全感。

我有一个同学，大一时面临一个痛苦的选择。她长得很漂亮，追求者很多，里面有两个人让她抉择不下：一个是她高中同学，高大英俊，是个很讨女孩喜欢的阳光型男孩；还有一个虽然其貌不扬，但温文尔雅、气度不凡。她的好朋友给她出主意，如果只是谈恋爱，不考虑结婚，那就选择帅哥；如果准备结婚的话，不妨查一下两个男孩的家庭背景，毕竟婚后生活还是要看银子的。

结果查看之后，前者是工人家庭出身；后者是经商家庭出身，而且不是一般的经商家庭，其父亲号称该市的首富。最可贵的是，这个"富二代"一点没有骄奢淫逸的习气，是个可以托付终身的人选。

最后她选择了后者，大学的时候做了后者的女朋友，大学毕业后做了后者的太太。在完成了传宗接代的任务后，她凭借老公的家庭背景，开始独立创业，现在她的公司年利润已经高达3000万，她也成为当地首屈一指的女企业家。

在热门综艺节目《非诚勿扰》中，"宝马女"马诺的言行曾在网上引起热议，海派主持人周立波曾调侃，马诺可以代言永久牌自行车。但是，为什么坐在宝马车里的女人就要哭？这显然是对财富的一种误解和不尊重。只要嫁得好，女人完全可以坐在宝马车里微笑，大秀自己的幸福。

很多已婚女人都有这样的教训，选丈夫很重要，双方能够彼此宽容、理解是必需的。女人也要尽量经济独立、思想独立，对丈夫依赖性不要太强，在要求对方之前先要求自己，努力营造一个温馨快乐的家庭，这样才能为自己未来的发展奠定厚实的基础。

所以说，女人千万要找对人，再把自己嫁出去。

定位准确，身价才能水涨船高

但凡成功者，都能对自己准确定位，进而实现人生目标。在女人一生的坐标系中，如果没有准确定位，就无法把自己的长处发挥出来。这是非常可怕的事情。女人要想对自己的人生进行定位，以使自己的身价不断增值，就要在18~22岁这段时间中，努力打好基础。一个女人能否成功，能否为实现自己的人生价值奠定一个良好的基础，在很大程度上取决于自我定位，以及为了落实这种定位所付出的努力。为了使自己充分发展，清楚地认识自己并对自己进行全面准确的定位，是至关重要的。只要做到这一点，女人完全可以掌握自己的命运，决定自己的身价！

清楚地认识自己

18~22岁的女人涉世不深，大多数时候只会羡慕别人，或者模仿别人做事，很少有人能认清自己的优势，了解自己的能力，然后去发挥专长。但是这个时期在女人的一生中又至关重要，很多一生庸碌的女人，之所以只能相夫教子，没有成就大事，就在于她们荒废了18~22岁这个起步阶段。

据调查，有28%的人正是因为做了自己最擅长的事，才彻底地掌握了自己的命运，并把自己的优势发挥得淋漓尽致。相反，其余的人正是因为总是别别扭扭地做着不擅长的事，因此不能脱颖而出，更谈不上成大事了。

你如果用心去观察那些成功的女人，就会发现，她们几乎都有一个共同的特征：不论才智高低，也不论从事哪一种行业、担任何种职务，她们都在做自己最擅长的事。由此可见，女人要想成功，首先要做的就是清楚地认识自己。

女人最大的敌人不是别人，而是自己。女人想要认识和了解自我，就必须深入自己的内心，不为各种表象所迷惑。只有认识自我，在取得成绩时，才能保持平常心，不会因此而骄傲自满；只有认识自我，在遇到挫折和失败时，才不会被其击倒，而是一如既往地为着自己既定的目标而努力。

任何成功的获得都不可能是一帆风顺的，在男权社会中，女人的成功更是阻力重重。当我们遇到挫折时，不要把女人天生的脆弱拿来当退缩的借口，而是要重新认识自我。只有在正确认识自我的基础上，我们才能重新找回自己的目标，向前迈进。很多时候，我们总认为自己是对的，但水落石出之后才意识到自己错了。我们常常以为已经完全了解自己，其实是被自己蒙蔽了，或者说我们不愿意了解自己，甘于被假象所蒙蔽。

女人应该学会控制自己的思想，而不让胡思乱想左右自己，这样才能更理智地了解自己。我们都知道，女人相对于男人而言，更为感性。所以女人在付诸行动前一定不要感情用事，而是要主动积极地理性思考，让大脑发出正确的行动指令。这样，我们才能避免冲动，才能更为理性地进行自我定位。

要想控制思想，就要知道自己想做什么、能做什么、不能做什么。当明确了这些之后，我们在思想上就可以为自己的行为定下一个准则，从而利用这个准则来指导自己该做什么、不该做什么。

一个人想要立身，首先就要立志。志向如何，最能反映一个人的自我期待和定位，因此理想往往能让一个人更全面地了解自己。对于女人来说，树立短期和长期的目标，尤其关键。长期的目标，可以是自己这一生想做成什么大事，也可以是多少岁要赚多少钱，等等。短期目标就是将长期目标分解，这样更容易达成。总而言之，我们的目标应该是自己最想做的事情。当然这个目标最好不要是"用青春换财富"或者"中彩票头奖"这类的，我们的目标一定要健康，要不损害他人利益，而且能够激发自己的潜力。

有了自己最想完成的目标，我们的思想和行为或多或少都会受其影响。由此，我们也可以反观自身，不断完善对自己的认识和定位。

影响人生定位的因素

每个女人都有自己的人生定位。人生定位宜早不宜迟，在18~22岁，女人就应该对自己形成一个有效而准确的定位。准确的人生定位，往往会受到内因和外因两个方面的影响。其中外在的因素包括社会舆论的影响、亲朋好友的影响等；内在的因素包括自身的性格脾气、兴趣爱好等。归纳起来，对于年轻女人的人生影响较大的因素有以下几种：

一、自身性格。一个性格外向、开朗活泼的女人，如果整天让她坐在一间封闭的办公室里做编辑工作，她一定会憋得忍受不了。相反，让一个性格羞涩、文静内向的女人出去跑销售、拉生意，估计她也是难以胜任的。因此，性格直接影响着女人的人生定位。

二、个人兴趣爱好。每个女人都有自己的兴趣爱好。兴趣是最好的老师，如果女人能从事自己喜爱的工作，那她们就会进步得很快，做起事来也得心应手。因此很多女人在面对抉择时，会下意识地把兴趣爱好与自己的人生定位联系起来。

三、学历的高低。文化程度对一个女人的人生定位有着直接而深刻的影响，这一点几乎可以说是不言而喻的。试想，一个只有初中甚至小学文化的女人，她会把自己的奋斗目标定位在专家学者上吗？即使会，那也不能算是一种人生定位，只能说是空想。而一个女硕士也不会将自己的人生定位在当一名售货员或者餐厅保洁员。即使她可能出于种种原因不得不做类似的工作，相信她也绝不会甘心做一辈子。因此，人生定位必定与文化程度相对应，这种说法一点也不夸张。

四、家庭背景。俗话说，"龙生龙，凤生凤，老鼠生儿打地洞"。虽然这种说法现在听起来有些偏颇，"鸡窝里飞出金凤凰"的事例也比比皆是，但是从一个侧面我们至少可以看出这样一个道理，那就是在我们确定自己的人生定位的时候，家庭状况对我们的影响也是绝对不可小觑的。

五、人生的阅历。不同的社会阅历也会让女人产生不同的人生定位。社会阅历越丰富的人，她的眼界也就越开阔，相应地，她的人生定位就会越着眼于未来。一个没有走出过山窝窝的女人，她的定位就只能着眼于现实。

六、某次意外的事件。有时候，一次突发的变故、一个偶然的机遇，甚至一件细微的小事，都有可能改变一个女人的人生定位，使其走上一条与原先设想截然不同的道路。

准确定位才能带来高身价

民间有句俗语,"从小看到老"。这话未必准确,毕竟"小时了了,大未必佳"的情况层出不穷,不过一个女人在18~22岁时对自己的定位确实会对她将来的身价产生决定性的影响。一个女人只有为自己准确定位,才能为其身价的高涨夯实基础。

18~22岁这个阶段是一个女人的人生开局阶段,这个阶段是了解自己、树立理想、确定人生定位的大好时机。如果你能在这个阶段对自己进行准确的定位,你的身价必将跟随你的努力一路飙升。

Chapter 2
22~25 岁　职场修炼，开盘要走高

22~25 岁，抛开继续深造的不谈，女性一般这个时候都会进入职场。这个世界上，漂亮的、有钱的、有权的女人太多。我们无须比较，也无从比较，因为每个人的出身不同，起点也就不同。但我们可以在条件允许的情况下，学会"高开高走"，因为高定位是自我能力的一种体现。每个人都有自己的筹码，我们只有不断给自己增加筹码，给自己加价，才能立于不败之地。

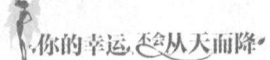

起薪别人定，加薪靠自己

"起薪"是近几年女人们很关心的话题，也是职场中的一个敏感话题。所谓的"起薪"有两层含义：第一，是指一家公司里最低的工资标准；第二，是指一个新人进入公司最初拿到的工资数额。一般来说，薪资包括基本工资、奖金和福利三个部分。对用人企业而言，起薪是固定的，但因员工学历、能力、经验和岗位不同，起薪也可能略有不同。这个时候，即使你的能力再高，也很难要求用人单位给你抬价。当你充分展示自己的能力后，薪水才会水涨船高，这就是所谓的"加薪靠自己"。22~25岁的女人，不要将眼光放在起薪上，而是要放在加薪上。即使你身处底层，也同样拥有爬到高处的机会。

先"进入"，再"登梯"

要想飞得高，首先要有一双翅膀；要想加薪升职快，首先要有坚实的基础。22~25岁的女人在对待起薪问题时一定要注意两点：第一，"进入"与起薪相比，"进入"是更重要的。第二，现在用人单位使用起薪制度，是大学扩招的一个必然结果，起薪过低是一种长期趋势，作为有战略眼光的女人要理智地对待这个现实。起薪重在一个"起"字，既然是起薪，它必然存在着较大的发展空间，所以在入职初期，女人没有必要对起薪斤斤计较。

22~25岁的女人在择业时，可以将起薪纳入考虑范畴，但最终目的是找一份合适的工作，以赢得一个更有发展的职业空间，切不要过于纠结起薪问题而因噎废食。

在整体经济环境变幻不定的情况下，很多用人单位都勒紧裤腰带，不仅提供很少的岗位，而且给很低的起薪。即使这样，应聘者也是挤破了头往里冲。竞争如此激烈，女性求职者就没有必要再过分提高身价，觉得"才拿那么可怜的一点工资，天天看上司脸色，不如待在家里享受生活"。整体经济环境不可能一朝解冻，就业的困境可能会持续很长时间。所以在这段时间里，找个工作，哪怕起薪很低，也能帮你迅速适应职场、累积经验、锻炼能力。

在职场中，薪水是不透明的，被装在信封里或者直接打到卡上。很多时候，薪水是一个雷区。初入职场的年轻女人，对于薪水更没有一个明确的概念。很多人在面试时，面对考官提出预期薪水问题的时候都很不自然：说高了，感觉底气不足；说低了，那点钱根本不够自己生存度日。女人在谈薪时更为困惑。

面试中，薪水是必须面对的问题。因此，女人应该事先做足功课，首先对自己的能力有很清楚的了解，然后看自己是否可以胜任用人单位提供的岗位，综合考虑各方面的因素之后再提出薪资要求。女人切不可盲目地提出薪资要求，应该让起薪尽量和自身能力相匹配，避免留下后患。

有些女人因为低估了自己，最初把薪水说得太低，在之后的工作中无法

得到与自己的付出成正比的薪水,难免心中会产生不平,渐渐丧失热情,从而产生消极的心态。

其实,作为职场新人,谦虚也好,有所保留也罢,不提过高的薪资要求,是很安全的做法。但是,作为用人单位来说,对每个岗位都有薪资预算,既要符合该职位的职责和员工付出的价值,同时也希望能够看到应聘者自信地表达出自己的期望。

"从期望薪资其实可以看出求职者对自己的定位,符合自己能力及潜力的薪资报价,体现的是对自身能力的认可。如果应聘时在谈薪时露怯,我们作为面试官,会觉得你不够自信,那我们怎么敢聘用一个这样的人呢?"很多负责公司招聘的经理如是说。

女人在入职之初,可以对自己的能力做一个合理的评估,向 HR 自信地提出自己的待遇期待,不过一定要做到谦虚、自信有度。

能力提高了,薪水自然水涨船高

踏入职场是人生新的开端,把握好职场的起始阶段对每个22~25岁的女人都至关重要。对于初入职场的女人而言,面对新的环境、新的局面,可能会存在一些茫然。但始终要记住,提高自身的能力是升职加薪的前提条件。

一、勤勤恳恳,多劳多得

有人说过,一个人是否成功,往往取决于每天工作的8小时之外。初入职场的女人,加班几乎是必需的,也是必要的。初到公司,有太多的东西需要学习和实践。邮件未必会发,传真机未必会用,公司繁多的制度未必都明白,诸多的岗位职责未必都清楚,搞清楚这些是和时间的付出成正比的。如果你没有付出，是不能够取得进步的。另外，要学以致用，大学里学习的理论知识，同样需要大量时间去结合实际操作。最后，刚到公司，必须从基层做起，很多似乎与岗位无关的琐碎工作都会被安排过来，这些都是需要付出大把时间的。

因此，当你看到"老人们"都打卡回家了，不要也跟着关电脑下班。好好琢磨一下如何充分利用加班的时间，为自己在职场上多增加一点竞争力。

二、戒骄戒躁，心态归零

年轻就是要敢想敢干，这是一种积极的态度。但问题在于不少年轻女人往往自视甚高，总认为自己已经懂了，完全可以独当一面了。这种想法是比较危险的。

职场有太多的学问需要用心去学习，有太多的经验需要慢慢去积累，例如如何与同事相处、如何向上级汇报事情、如何实现岗位价值等。我们经常会用到一个词语——"归零"，也就是回到最初。初入职场，是人生的又一个新的起点，放下过往的成绩，全力以赴，用心奔跑。

三、微笑诚信，取人之长，补己之短

诚信可以帮你迅速积累人脉，有了人脉你将会更加顺风顺水，有问题了朋友帮你一起解决，胜过你自己单打独斗。

对于22~25岁的女人而言，首先要进入一个好的公司，也就是好的平台去锻炼自己，其次要靠努力拼搏去提升自己。不要过于在乎起薪的多少，你付出的比别人多，得到的就会比别人多。职场上学到的经验和积累的人脉是无法用金钱来衡量的。一个好的开始意味着成功的一半，22~25岁的女人，需要学好职场的算数题，顺利起跑，才能最大限度地提升自己的职场身价。

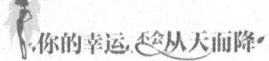

女人如何在职场开展"圈地运动"

"圈子"是个时髦的词。在微信上,动不动就有人邀请你加入他的人际圈。有人群的地方就有圈子,除了亲戚圈、朋友圈、交友圈、同乡圈等圈子,身在职场的女人,最常接触的是职场圈。圈子里有人脉、有信息、有经验,好像一个无形的磁场,它的大小和质量,关乎女人的职业发展前途。如何开展你的"圈地运动",怎样才能"圈"好自己的地盘,让自己发挥出最大的价值,都值得22~25岁的职场女人深思和学习。

选择圈子,站好圈子

22~25岁的女人初涉职场,总是会像小马过河一样,忧虑重重,难以决断。如果听信"同事之间无朋友",结果往往深受其害;如果尊崇不得罪任何同事的信条,结果往往是自己被孤立。身为新人,胆小害羞、不自信,是很多女人都会面临的苦恼。每天总是低着头独来独往,不怎么参与前辈们的闲谈和聚会,这样会错过很多难得的职业机会。女人要想在职场平步青云,不仅要站圈子，更要站对圈子。跟对领导，与有前途的同事结成同盟，自然会给自己带来职业好运。

除了单位内部的圈子，拥有同行业的圈子也很重要。我的同事青玲是时髦的"圈虫"。她时时和她的圈内人保持联系，还组织各种各样的活动，如聚餐啦、K歌啦，以此来增强圈子里朋友之间的感情。我和青玲差不多一年前同时到公司，但她比我进步快得多。同是做人力资源的，她经营的职场圈，能帮她在第一时间拿到最新的资讯；通过与圈内人的频繁交流，她解决问题的能力也大大提高了。

这就是"圈地运动"给青玲带来的丰厚回报。在她的职场圈里，有信息、有资讯、有经验……每当在工作上碰到问题，她便向圈子中的朋友求助：把问题挂在QQ群上，不一会儿就有人回应，大家你一言我一语，最佳答案就出来了。接着，青玲会以最快的速度结合实际问题去解决，再去给上司答复。

每个女人都有自己的圈子，不同的圈子会开出不同颜色的花朵，但不论哪种颜色，只要能让自己闻到芳香，它就是美丽的花。所以说，女人初入职场，选择和加入对的圈子很重要。

圈子要有质量

想在职场中站稳脚跟，得到发展，除了要有能力这样的硬实力，还要拥有强大关系网的支持，这就是软实力。有没有圈子，圈子的大小和质量，代表了一个人EQ的高低，标志着一个人在职场中的软实力。圈子里都是有着共同利益或爱好的人，可以互通信息、互予机会、互相勉励，进可互相提携，退可互相支撑。

"圈地运动"是职场竞争的必然产物。利用这个平台,共同探讨职场中的各种现象,为迷惑者指点迷津,与成功者分享经验和喜悦,也是提高自身素质的一种形式。只要守住法律、道德的底线,不损害公司和公众的利益,22~25岁的女人进行自己的"圈地运动"应该是利大于弊的好事。

每个人的职场圈都会分为几层,其中最为重要的,是自己供职公司内的圈子。如果公司规模比较大,平日上班时,大家各自忙自己的事,部门间很少能深入交流。为了摸清公司领导意图和了解公司经营情况,一个跨部门的内部小圈子就自然形成了:五六个基层的骨干职员,分别在经销、财务、后勤等部门工作,大家不定期轮流做东,以挚友身份在一起聚餐,实际上是为交流信息。大家来自各个部门,所以所汇总的信息准确度相当高,从而使各成员的言行总能与公司高层的意图合拍。

其实,"圈地"也有讲究,只有高效率地圈肥沃的地,才能有高产出。

对于刚进入职场的女人来说,经营好自己圈子的重要性不言而喻。与古代君王相似,"打江山容易,守江山难"。有了自己的职场圈,要想发挥它的最大作用,不落后于他人,就要好好地去经营这个圈子,随时滚雪球,随时更新。

女人年轻时,通过人才市场或中介就能轻松地找到工作,因为最初对薪水的要求不高,为了学到东西,只要公司的平台还可以,就愿意去积累经验。等到年龄大了,职位也上去了,家庭也有了,对薪水的要求也就越来越高了,跳槽就要考虑风险了。这时很多职场女性都会发觉:其实好的职位并不是很多,外面那些公开招聘的,都是些"辛苦活"。这时圈子里的人脉就可以帮到自己。因此,对于22~25岁的女人来说,要意识到人脉的重要性,要早早地建立圈子，让人脉发挥重要的作用。

每个人的圈子都会有自己的发展周期，到了一定阶段必须有所取舍，做些规划：把所有认识的人分成各种类别，初步确定跟他们之间的关系，比如按照对自己帮助的可能性大小来划分。年终或者有空闲的时候，花点时间和精力回报一下自己的"圈友"。

"一个人能否成功，不在于你知道什么，而在于你认识谁。"这是好莱坞的流行语。如它所言，这是一个讲究人脉的年代，谁都不可能成为鲁滨逊那样的孤胆英雄，而应该是站在巨人肩膀上的那个人。女人也应该做好心理准备，对身边的朋友耐心地考验。古话说，日久见人心，相处长久才可能真正了解一个人，才可能知道这个人是不是会帮助你。

圈子是每个职场女人必须要有的，除非你不想进步，或宁愿被社会所抛弃。建立、经营好自己的人脉圈，就好比为自己插上一双厚实的翅膀，让自己升职加薪成为可能。因此，22~25岁的女人在建立圈子的同时，更应该关注自己圈子的质量。

同样是花瓶,要做净水宝瓶

22~25岁的女人正是娇艳欲滴的玫瑰,都有着娇美的外表和火辣的身材,这是上天的恩赐。而在众多同等条件的竞争对手中,如何让自己更胜一筹,此所谓"花瓶"与"净水宝瓶"的区别。青春容貌是女人一生中最短暂的"伙伴"。而沉淀在心中的内涵,能使女人把全部的美丽毫无保留地绽放出来,而且这样的美丽绝不会受到岁月的侵蚀。从某方面讲,美丽并有内涵的女人,一定有极高的文化修养,能力也会很突出。这样的女人才会长久地立于不败之地。

提高"健商",为升职做准备

时常听有的女人说:健康就是不生病。而世界卫生组织对健康的定义是:健康不仅仅是指没有疾病,更是指一种躯体上、精神上和社交上的完全的良好状态。也就是说,健康的人不仅要有健康的体魄,也要有乐观向上的精神状态,并能与其所处的社会及工作环境保持协调的关系。这样的女人,才能为自己的升职加薪打好基础。

加拿大籍华人谢华真教授提出了"健商"这一新理念，健商即健康的商数。健商对于天生柔弱的女人更为重要，它代表了女人应具备的健康意识、健康能力和健康知识。

健商包括自我保健、健康知识、生活方式、精神健康和生活技能五大要素。女人不要把健康完全交给医生，要知道健康是要通过乐观的生活态度和良好的生活习惯来保持的。女人对健康知识掌握得越多，就越能选择正确的方法。

健商与女人的先天素质有关，但也完全可以通过后天良好的培养和锻炼而得到改善和提高。随着健商的不断提高，职场女人的工作精力也会大大提高。健商就像一把钥匙，帮助女人打开通向健康的大门。一旦女人的健商得到提高，其在职场取得更好成绩的可能性也就更大。

提升竞争力，从充实内在开始

我们都知道，说一个女人美丽，不仅仅是指她的外表，还有她内在的美。如果一个外表美丽的人，出口成"脏"，言行举止令人生厌，这样的女人绝对称不上美丽。一个女人必须超越自我、内外兼修、提高素质，这样才能算是一个真正美丽的女人。

22~25岁的女人要想让自己长久地得到他人的欣赏，就必须培养自己的韵味和丰富的内涵。女人用内在修养和高雅气质来弥补岁月流逝带来的苍老，才能从心灵深处源源不断地散发出女性的魅力。

如何才能做个有内涵的气质女人呢？

首先，要崇尚知识，加强学习，追求时尚。在这个知识快速更新的时代，女人要不断地接受新思想、新观念，使自己时刻与飞速发展的时代接轨。其次，要有独立的思想，不要随波逐流，要走自己的路，不轻易被别人左右。再者，始终保持良好的心态，做到心胸坦荡。最后，培养一些兴趣爱好，丰富自己的生活，增加自己的特长，这样在亲戚同事朋友聚会时，你也可以秀出自己多才多艺的一面。

女人只要用心地去实践，那么就会不断地积累、沉淀自己的内涵。魅力是挑剔的，它只会为那些用心的女人而生；魅力也是慷慨的，只要你足够用心，它的光辉就会照耀你。

作为22~25岁的女人，一定要明白，女人的容貌是上天给的，内涵却是自己培育出来的。唯有内外兼修的女人，才会散发出持久迷人的风情和韵味。

我们有时看那些容貌娇美、衣着时尚的女人，一开口却不大文雅，一提笔就错别字连篇。这些女人由于缺乏教养，让别人对她漂亮的外表也产生了厌恶。一个女人没有知识便显得浅薄无知，缺乏教养就会变得庸俗不堪，如同一束没有味道的塑料花，更不用说有魅力了。据调查，现在70%以上的男人都希望自己未来的妻子知书达理、活泼可爱、温柔体贴、举止端庄。因此从某种角度上说，知识是女性魅力的源泉，外貌是天生的，内涵却可以通过后天培养而得到，使女性弥补自身的不足之处。

由此看出，漂亮的脸蛋和魔鬼的身材只是女人的一种外在形象；而一个有内涵的女人，常常会改变你对她的最初印象，不仅乐于和她接触，而且你会觉得她看起来越来越漂亮。

年轻女人的美，是由内而外的。有深刻内涵的漂亮女人，由内而外散发出来的那种内敛、知性，与其美丽的外表相得益彰，这种双重的魅力是最吸引人的。

所以对女人而言，不断丰富自己的内涵，培养高雅的气质，保持善良、温柔的性格，做到自尊自爱、自强独立、不断进取，就会成为一个有竞争力的魅力女人。

宝瓶也要"充电"

不可否认，目前已经有不少女性在公司中担任了非常重要的高管职位，但在公司最终决策者的角色上，女性人数还较少，有魄力、有能力、有实战经验的女强人更是凤毛麟角。所以，作为职场丽人，要时时让自己保持充足的"电量"，不能轻易满足于已经取得的一点小成就。

对于女性白领们来说，消费和投资有很大一部分应该用来充实和完善自己，以增加自己为事业打拼的实力。然而，人才的竞争、工作的压力，又使职业女性很难有足够的业余时间用来为自己"充电"。

因此，在22~25岁的职业女性中，有一大部分人出现身心疲惫、烦躁失眠等亚健康状况。主要表现为：对前（钱）途开始忧虑，担心会被社会淘汰，会被公司裁员；对自己所从事的工作开始产生一种依恋，不再像上大学时那样无拘无束，同时又有一种危机感，甚至开始对老板察言观色；由于工作时间长，又缺乏运动，身体经常感到疲劳，休息也于事无补。压力是导致这些状况的主要原因之一。在职场，如果男女条件相当，女性升职要比男性难。相对来说，社会角色会影响女性在工作中的角色，她们往往被要求对家庭付出更多。

怎样应对这种职业危机感与疲惫感？据一项调查显示：转换职业或行业，寻求一个压力较小、相对安稳的工作是许多白领丽人的心态，46%的被访者选择此项；再辛苦几年，回家做全职太太，有31%的被访者选择此项；只有23%的被访者表示会去"充电"。

从女性"充电"情况来看，成为高层领导者的女性"充电"的比例高于低层职业女性，她们学习的迫切性也高于男性。目前中国的企业领导者中，女性所占比例约为1/5。虽然这个比例依然很低，且大型企业的女性领导者更少，但是事实表明，越来越多的女性开始走向高层管理者的岗位。作为职场中的一名精英，在职"充电"的女性已经成为"充电一族"中的一个庞大群体。

其实在职业生涯中，学习是很重要的，女性更需要关注个人成长。在不断为自己"充电"的女性中，越是文化程度较低的女性，"充电"意识越弱。但知识并不是读几本书就可以迅速增加，而是需要日积月累。所以女人要保持满格"电量"，就必须时时更新讯息，给自己的知识结构"充电"，以旺盛的斗志去迎接职场的挑战。

找准方向，25岁前要做对事

年轻女人初入职场必须要有一个方向，否则就很难发挥自身最大的潜能，永远只是芸芸众生中不起眼的一人。一个没有方向的女人就像是一艘没有舵的船，只能随波逐流、漂浮不定，最终停靠到失望、失败和丧气的海滩。朝着确定的方向奋斗的女人，则可以乘风破浪，直达成功的彼岸。

找准方向，认识和提高自己是前提

认清自己首先要肯定自己的缺点，从做事、做人中去发现，不要采取隐瞒、掩盖或不承认的态度，唯有勇于面对自己，才能认清自己。一个容易受情绪影响的女人，是无法清楚面对自己的。一个懂得求真的人，要知自省、知忏悔。"人非圣贤，孰能无过"，所以要常常自我检讨。"知自省"就是要检讨自己，"知忏悔"就是要承认自己的错误，从而从检讨自己、承认错误中重新出发。知过能改，就能随时随地正确面对自己。

女人要对周围环境细心观察，这样就可以从朋友的反应中得知自己的优缺点。面对别人的指责，要谦虚接受。如果觉得自己很聪明、优秀，就表现得高人一等，这种傲慢的女人是看不清自己的。谦虚的人才能认识自己，也才能听到更多有利于自己进步的忠言。也许有人会说："别人提出的建议，并不一定全都是对的。"但无论对错，我们都一样要用心去听，并感谢向我们提出意见的人。当我们一步步改正自己的缺点，智慧也便会随之增长。有智慧的女人，面对成功不会炫耀自己，而是心存感恩，感谢大家的努力。这样她们即使偶尔出错，别人也会谅解。

女性发现自己的缺陷和短板之后，就要通过自身的努力来弥补自己的缺陷，补齐自己的短板。只有女性自身的能力得到充分提升，才能更好地找准自己的方向，才能让自己的目标更具有可行性。一般来说，为了找准自己的方向，女性需要从以下几个方面来提高自己：

一、自身专业能力的提升。在市场经济激烈的竞争中，优秀企业之所以能立于不败之地，依靠的是专业化品牌、专业化管理和专业化人才，其中专业化人才是品牌管理的先决条件。随着产业分工越来越细，"万金油"式的通用型人才受重视程度逐渐降低，社会对专业化人才的素质要求越来越高。

有句老话说得好，"隔行如隔山"，非专业人士要想通过努力进入专业领域，必须付出两倍甚至三倍以上的努力。因此，年轻的女人不要轻易放弃或改变自己的专业，只有练就了出类拔萃的专业能力，成为某一领域中不可替代的专业人才，才真正赢得了最大的竞争优势。

二、学习欲望的加强。许多优秀企业为帮助员工提高竞争能力，为员工提供多种形式的学习、培训。如请专业咨询公司进行专题授课，公费送员工到国外学习，开发实施企业内部的远程网络培训，以及设立专门的教育奖励基金，激励那些利用业余时间实现自我提升的员工，其实这些才是企业给予员工的最大福利。女白领主动自觉去深造，实现知识更新的比比皆是，她们在求知的同时也增加了职业发展的筹码。

三、掌握沟通的窍门。一个人的成功75%依靠沟通，25%依靠能力，这说明了沟通有多么重要。在企业内部，面临着与上级主管领导、平级同事以及下属、兄弟部门的沟通；在企业外部，面临着与客户、政府职能部门、媒体、其他社会公众的沟通。

四、切勿盲目攀比。有些女人常将自己的薪水与高收入者盲目攀比，抱怨自己做了很多，却得不到晋升。这样容易心理失衡，导致频繁跳槽。长此以往，个人竞争能力会逐步进入下降通道，职业发展最终也会步入误区。因此，面对来自各方的诱惑，女人必须着眼于可持续发展的观念。当职业发展处于逆境的时候，要克服自卑心理，不畏艰难，保持良好的职业心态，坚持长远的职业发展规划。

发掘自己的潜力，利用自身的优势资源，同时保持住这种优势，22~25岁的女人就会在职场中找到自己的发展方向，赢得广阔的发展空间，从而实现自己身价的快速提升。

确定目标方向，制订实施计划

你是否清楚自己人生的导航图，例如为什么从事这份工作，目的地又是哪里？这是聪慧的女人必须要了解的。只有遵循自己的心意，女人才能找到真正适合自己的目标。

美国一个研究成功学的机构，曾经长期追踪100位年轻的女人，直到她们年满70岁。结果发现：只有1个人很富有，另外有7个人生活平淡，只限温饱，剩下92人情况都不尽如人意，应该算是失败者。经研究分析，大多数比较失败的女人之所以晚年窘迫，并非年轻时努力不够，而主要是因为她们没有选定清晰的目标。

有一个明确的奋斗目标的女人，一定是有上进心的女人，她懂得自己活着是为了什么。因此她的所有努力都能围绕一个较为长远的目标进行，她知道自己怎样努力是正确的、有用的；反之，就是浪费时间和生命。

拥有明确目标的人，会感到心里踏实，注意力也会神奇地集中起来，不再被那些繁杂琐事所干扰。相反，那些没有明确目标的人，总是感到内心空虚，思维混乱，分不清主次轻重，遇事犹豫不决。

自己树立的奋斗目标，必须是明确的、适合自己的、可行的。当然这一切都要建立在你的目标是正确的，对别人、对社会有帮助的前提上。女人明确了奋斗目标，才能让自己产生前进的动力。目标不仅是奋斗的方向，更是一种自我鞭策。人一旦目标明确了，就有了热情、积极性和使命感。

目标还必须具有长远性，现在多花点时间在目标的制订上，对将来的人生很有作用。如果目标很多，指引你前进的力量就会被分散开来，每个目标就只能获得这种力量的一小部分，从而使效果变得微弱，或根本就没有效果。而长远的目标会督促你努力朝一个固定的方向前进。

女人要想早日成功，就必须设定好目标，而且不能停留在空喊口号上。实现目标的过程中，女人更需要时时审视，不能一味蛮干。看看自己的行动是在促成目标的实现，还是离目标越来越远，这可以检验出自己是否采取了正确有效的行动。花少许时间来衡量自己行动的质量和效果，随时调整自己的行动计划，才可以保证行动的有效性。

　　每个女人都有人生的终极目标，但真正能实现这一终极目标的并不多。失败的原因很多：有人急于求成，结果欲速则不达；有人虎头蛇尾，刚开始信心百倍，坚持不了几天便放弃了。放弃其实并不代表没有能力去做，而是没有找对方法。对于初入职场的22~25岁的女人来说，达到目标除了需要一定的技巧外，最重要的就是要行动起来。当火车静止不动时，往它的8个驱动轮前面各放一块小石子，就能使它永远停在铁轨上。而当火车以每小时100千米的速度前进时，它就能洞穿一面钢筋混凝土墙壁。女人们，不要再怨声载道了，现在开始采取行动，用自己的努力，去冲破横亘在你和目标之间的难关。

团队就是你要做大的那块"蛋糕"

团队精神就是大局意识、协作精神的集中体现。团队精神的核心是协同合作，最高境界是全体成员的高度团结，所反映的是个体利益和整体利益的统一，并且能保证组织的高效率运转。时代发展到今天，女人的社会属性较以往任何时候都更为明显。团队精神是女人的社会属性在企业内的重要体现。团队精神所反映的，就是一个职场女人与他人合作的能力。自古以来，没有哪场胜利是一个人的胜利，也没有哪次成功是属于一个人的成功。对于22~25岁的女人来说，要做一个出色的职场女人，就必须做大身后的那块团队"蛋糕"。

团队精神决定女人的职场发展

大家都知道，阿里巴巴的马云是互联网的领军人物，但是很少有人知道他其实对电脑软件、硬件知之甚少。不过，马云特别善于利用团队优势。他说过，自己最欣赏的就是唐僧师徒团队。唐僧是一个好领导，他知道悟空要管紧,所以需要把握念紧箍咒的时机;八戒小毛病多,但不会犯大错,偶尔批评一下就可以;沙僧太憨厚,需要经常鼓励一番。这样,一个明星团队就成形了。

有这么一个故事:两只羚羊同在一片草原上生活了很长时间,尽管它们吃住在一起,但彼此从不说话。一天,一头饥肠辘辘的豹子看到了它们,但它知道不能同时向这两只羚羊发起进攻,因为两只羚羊在一块儿,力量可能超过它。因此,豹子每次只接近一只羚羊。羚羊并没有看出豹子要将它们分而食之的图谋。结果两只羚羊各自为战,最后被各个击破。就这样,豹子打败了两只羚羊,美美地饱餐了好几顿。两只羚羊在行动上没有顾及团队的整体利益,各自为战,最终导致了双双失去生命的结果。

在动物界,团队精神关系着生死存亡,在人类竞争激烈的职场亦是如此。我们的生活也离不开团体的协作。在工作中体现整体目标是非常重要的,因为只有这样,才能保持各个部分之间的协同,才能使团体效率最大化。如果一个女人不懂得分工协作,不懂得团队的力量,最后只会成为那两只羚羊中的一只。

打造完美的团队,才能有效体现自己的价值

我想很多女人在小时候都听过三个和尚打水的故事,即"一个和尚挑水喝,两个和尚抬水喝,三个和尚没水喝"。这则古老的寓言,让我们知道了团队协作的重要性。

相信很少女人敢声称自己不需要团队协作就能单枪匹马打天下。但能够真正制定、实施战略,推动团队进行沟通的女人,却实在是少数。

在职场环境里，女人通常局限于某种沟通方式，事实上其他方式可能会更合适，更有说服力，并且更有效。所以女人要根据风向，随时调整自己的桨舵，这样才能把团队的作用发挥到最大。

任何一位有抱负和理想的女中豪杰，都希望能打造出一支属于自己的团队。可很多时候，女性只注重了打造团队的过程，却忽略了打造团队的平台和态度。职场女性想要打造自己的完美团队，首先得选择打造的平台，其次要注重打造的过程，最后要选择好的打造态度。

职场女性要意识到，打造团队是万丈高楼平地起的一个过程。聪明的中国人发明了框架式的高层建筑方法。建造高层建筑，地基是重中之重，团队组建也是如此，从表象上看是众星捧月，实质上则根基扎实。你的能力、稳定性将决定着团队的深度、广度和高度。

一栋高层建筑，只要取材时选用高标号的钢筋混凝土浇灌出坚固的框架，即使砖块的质量不是很好，也不会产生太大危害，不用担心它会倒塌。反之，如果搭建楼房时没有上乘的混凝土框架，只用砖块垒起来，那么不管砖块质量有多好，住进去也不能安心。优秀的团队骨干就好比用钢筋混凝土浇灌出来的框架式结构。对女人来说，该如何分辨哪些是我们组建团队时需要的人才呢？

答案是要寻找与你志同道合且德才兼备的人才。德在前，才在后，有才无德者坚决不用。在前期框架建造上，品德不良之人，其才情越高，将来对团队的危害就越大。只有与你志同道合的人，在团队中才能与你和谐相处，共同面对重重的困难与挑战。

当合拍的人才选定之后，你就要用团队精神把这个团队拧成一根绳。一支卓越的团队应该雷厉风行。在这样的团队里,从上到下每个人都以团队发展为己任,而不是只图一己私利。当你的团队已经打造完毕,还需要植入"亮剑"精神,将其转化成一种团队斗志,从而在职场上一马当先。

团队是每个职场女人都应该重视的,它的大小、强弱直接关系到你在职场中的竞争力。因此,做好团队这块"蛋糕",是职场女人的一节重要的必修课。

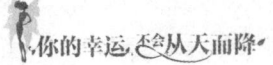

与其做老板的情人，不如自己做老板

现在流行着一种说法，"一等男人家外有家，二等男人家外有花，三等男人下班回家，四等男人妻不在家"。而男老板一般都被归为一、二等男人。女人似乎只要抓住这些男人的心，就可以使自己提前实现锦衣玉食的生活。正因如此，这个社会出现了"小三""二奶"。其实22~25岁的年轻女人应该想到，做影子情人总归不是一个长久之计。毕竟自己的青春有限，或许等你青春不在时，就会被一脚踢出门外，那时的你就只得坐吃山空、唉声叹气了。学会利用现有资源，提升自己的价值，拓展自己的人脉关系，自己做老板，这样的选择才是女人不断获得成功的保证。

突破性别局限，解放传统思想的禁锢

女人要突破性别局限，这是女人做老板的首要前提。要突破这个关隘并不算容易，因为"男尊女卑"的观念在很多人的脑海里根深蒂固。虽然进入现代社会后，人们"男女平等"的意识已经越来越强烈，但女人本身是否能够打破自己心中的局限呢？这是问题的关键。

"男女平等"的呼声日益高涨的同时，另一种现象开始出现，那就是女人从狂风骤雨中的弱者变成了温室中的弱者。渐渐地，她们习惯了轻松安逸地走完一生。男人们在外打拼养家，自己闲时逛街购物，仿佛这才是女人尊贵的体现。

这个时代有太多年轻的女人，被安逸磨灭了斗志，被懒惰侵蚀了梦想。"男女平等"不只是男人的问题，更是女人的问题，如果思想不转变，"男女平等"几乎不可能实现。所以在创业之前，女人先要甩掉这个思想上的包袱，不要让偏见把自己限制住。当你自信、光彩照人地走在人前时，你会发现，原来一切并没有想象中的那么难。你对自己的态度，决定了别人对你的态度；你对自己的期望，决定了别人对你的期望。

我们周围这样的女人并不少见。她们开始的时候或许真的与某某老板关系暧昧，但是她们并没有满足于做花瓶情人，而是同时努力积累着人脉——她们在积极寻找机会，寻找适合自己发展的创业平台。

在女人渐渐证明了自己的能力，甚至取得了辉煌的成就时，所有的流言也就烟消云散了。

但如果女人只甘于做男人的附庸品，那么她会离自尊自强的精彩生活越来越远。

女人要学会借势上位

男人靠征服世界去征服女人，女人靠征服男人来征服世界，这就是所谓的殊途同归。一个简单的世界，也就是这么几个简单的故事。女人在解放思想后，就要为自己的目标付诸行动了。学着结交优秀男人，借势上位，是每个想做强者的女人必须掌握的。

邓文迪就是个很好的例子。她在大学时就拿到签证去美国加州州立大学学习，之后又与外国男人闪婚、离婚。此时，仅仅20岁出头的邓文迪获得了美国绿卡和一大笔离婚财产。

邓文迪在美国学习非常努力，从加州州立大学毕业之后，便经导师推荐成功获得去耶鲁大学商学院学习的机会。1997年，从耶鲁大学商学院获得MBA学位的邓文迪意气风发，回香港发展。在飞机上，她结识了邻座——传媒大王默多克。飞机还没有到香港，凭着自己的MBA头衔和不俗谈吐，邓文迪已轻而易举地谋到去卫星电视公司总部当实习生的工作。接下来，默多克在离婚之后的第十七天于豪华游艇上与邓文迪举行了婚礼。邓文迪终于成为默多克的夫人，然而这并不是她想要的全部。2007年，邓文迪将社交网站MySpace带入中国，并担任了新公司的CEO。

从邓文迪的例子可以看出，女人接受男人的帮助，可以让自己的地位更高，让自己的生活更好。与其嫉妒、抱怨这种行为，不如学会变通，学会利用男人，成就自己。

女强人都有强大的野心。从表面上看，邓文迪很幸运，实际上这一切跟她自身的高素质以及借势上位的才智是分不开的。如果你也有如此的智慧，也有如此之野心，就要好好利用手中的"撑竿"，也来个三级"撑竿跳"，一举超越自我。

心有多大，女人的职场舞台就有多大

职场女人需要舞台，而它的大小是由你的野心决定的。要成就自己的梦想，就要为自己的梦想去努力。路是艰难的，但要收获硕果，就必须让自己迎风向前。某哲人说，不要让追求之舟停在幻想的港口，应扬起奋斗的风帆，驶向现实生活的大海。所以，22~25岁的女人要有野心，要敢于追求，要敢于坚定、自信地演绎自我，使自己的职场舞台光彩夺目，从而让自己的身价得到大幅度的提升。

女人，有能力就要往高飞

22~25岁的女人，当了解自己的能力后，就应该努力往高处飞。毕竟"人往高处走，水往低处流"，如果你有这个实力，而且是个不甘居于人下的强者，就应该把心放开，努力追逐远方的目标。

陈略出生于20世纪70年代初，她在1989—1994年留学德国，1998年进入某著名跨国公司，现在是那家公司高管中唯一的女性。

凭着"不可能等于机会,白日梦不是坏事"的信念,她创造了一个又一个的奇迹。她的前任退休后,总部曾派了一位年过半百的德国人做首代,并通过猎头公司找到陈晔,请她加盟负责营销。陈晔说:"如果让我选,我要做首代。"陈晔的丈夫说她是做白日梦,但陈晔认为,中国市场非常好,这几年本行业刚刚起步,而同行另外两家领先的公司都已进入中国市场,时间不能等。她直接去找董事长谈:"时间很重要,机不可失,时不再来,而且公司要想打开中国市场,首先要懂得中国的文化。"努力之下,她的"白日梦"最终变成了现实。

在选择打入国内市场的产品时,陈晔再次"敢"字当头,不用传统的老方法进行销售,而是主推最先进的产品。结果公司在中国市场的业绩节节攀升,从1998年的500万元增加到了2006年的近百亿元。

陈晔笑着说,自己在管理上的独到之处就是发挥女性优势,真诚地直接沟通,同时也综合利用了男性有远见、顾大局、逻辑缜密的优点。

野心决定女人的舞台

野心决定女人职场舞台的大小,这也是社会化的产物,这一点是很好理解的。

拿破仑小时候在沙地上玩战争的游戏,想象自己是驰骋疆场的将军领袖;餐饮业巨头希尔顿小时候也曾有过类似的梦想。人类的进步就是在梦想的引领下实现的。

我们整天使用的电视、电脑、手机,最初不都是出自某人的异想天开吗?任何东西在被发明出来之前都是梦想,而科学家是梦想者,他们的异想天开则是创造的源泉。古代就有嫦娥奔月的传说,而现代的科学已经把人类带入太空,月球上面也已经有了人类的足迹;人们曾经想着有一天能像鸟儿一样,在天空中翱翔,而现在有了超音速飞机。人类因为有了梦想而进步,女人因为有了梦想而奋斗。

22~25岁的女人要充分认识到,每个人的潜能是巨大的,就怕不相信自己。当女人不相信自己的时候,她的能力就得不到充分发挥。成功者都是普通人,他们没有三头六臂,智力也和一般人差不多,关键在于他们相信自己,于是他们的潜能就被发掘出来了。

"心有多大,舞台就有多大",这是中央电视台的一句广告词。22~25岁女人中的每一个,都应该把它当作自己的座右铭,不断地激励自己。

像很多怀揣梦想的年轻人一样,大学毕业的许维也开始北漂寻梦。许维的第一份工作是通过网上投简历得来的,是在一家国营企业当行政助理。起初,她只是做一些普通文职的事,后来慢慢开始接触人事方面的工作。两年后,许维的工作渐有起色。

然而,眼界日益开阔的许维并不愿意在传统守旧的企业里蹉跎时光。2008年,许维加入一家尚处于筹备期的保险公司。"还记得当时老总跟我说:'舞台这么大,人事这块就交给你去做了。'"许维开始独当一面做人力资源管理工作。许维昼夜加班,仅仅一个月时间,公司整体人力资源框架、流程、体系文件相继出台。半个月后,许维又按照公司需求招聘员工,进行入职审批、职前培训、岗位辅导、职业规划。高强度的工作练就了她雷厉风行的风格,她绝不让任何一个问题过夜。

工作的高效率让许维赢得了公司上下的一致认可,也给她带来了财富和名誉。"我不能承诺给员工什么，但我总会告诉他们，只要有梦想，只要努力，总会有回报的。"与此同时，许维也在寻找着更适合自己的方向和契机。

从去年开始，许维瞄准了网购的火爆态势。"网购是一股潮流，网店也是一种趋势。"她觉得网店的运营成本较低，关键在于营销推广，品牌效应需要长时间的积累。许维决定以淘宝商城与实体店联营的商业模式来抢一块"蛋糕"。

说做就做，许维拜访了很多做网店的前辈，对网上商城的运营模式和销售进行了广泛的市场调研。然后她结合手头的资源，决定开一家女鞋品牌店。对开店而言，起一个好的店名是很重要的，对此许维可谓绞尽脑汁、苦思冥想。当时风靡全球的电影《阿凡达》让很多人着迷，许维也不例外。于是她结合自己的名字，起了"阿梵维"这个店名，时尚又贴切。

接下来就是紧锣密鼓地联系厂商、搭建网上商城、实体店选址。许维对未来充满希望，她说："如果说人一生要做两份工作的话，第一份工作是为了生存，第二份工作则是为了兴趣和梦想。能够顺利完成这两份工作的女人就是成功的。我在职场上一路走来，也基本上是在按照这个路线努力行进。"

身为职场女人，不要被时间和空间所局限，更不要拘泥于古老的传统。特别是身处创新浪潮中的新一代女性，更应该迈开步伐，大胆创新，开拓进取，超越时空的局限，放飞心中的风筝，实现自己的宏愿。心有多大，女人的职场舞台就有多大。我们只要用心去生活，就能在人生的舞台上奏出最美的乐章。

Chapter 3
25~30 岁　花开其时要把握，聪明女人朋友多

　　25~30 岁是女人花最鲜艳、最性感的时段，靓丽中带着成熟。这个时候就要利用身边有效的人脉，寻找通向成功的贵宾通道。人脉是可以借用的所有人际资源，不仅仅局限于自己的亲朋好友，也包括其他社会关系。人脉越发达、通畅，生活越轻松，工作越顺利，人生也越精彩。这样，幸运自然会离自己越来越近。

人脉即钱脉,女人要做社交明星

25~30岁的女人要学会把人脉织成网。其实,我们认识的每个人都是人际关系网上的一个结点,有的结点比较脆弱,而有的结点则在整张网中起着非常关键的作用。后者就是关键结点,联系着丰富的人脉资源。人脉即财脉,没有它,人就很难聚敛财富。有时,你即便有很扎实的专业知识和雄辩的口才,也不一定能够促成一次商谈,这时就需要有一位关键人物助一把力,将你推向成功。因此,职场女性一定要做一个美丽的社交达人。

女人的成功 = 知识 + 人脉

女人的成功 = 知识 + 人脉,其中知识占30%,人脉占70%。美国前总统西奥多·罗斯福曾说:"成功的第一要素是懂得如何搞好人际关系。"

在这个知识经济时代,一个25~30岁的女人要懂得如何以极自然、有创意、互利的方式来经营人脉,这样才能强化自己的竞争力。善用人脉者,往往是一分耕耘,数倍收获。

对每一个女人来说，构建人脉网络，并不是只在危难的时候才临时抱佛脚，而是需要日积月累。人是群居动物，每个人所从事的行业归根结底都是社会人的事业。人的成功也只能依赖于他所处的人群及所在的社会环境。只有在这个社会中游刃有余、八面玲珑，女人才能为自己事业的成功开拓宽广的道路。

陈静的生意如今已经做到了国外，固定资产上千万。而十几年前，她还只是一个来自四川乡下的小村姑。那么她凭什么赢得了如此多的财富？她说："我能有今天，靠的都是朋友的帮助。"的确，是人脉造就了她这个千万富婆。陈静非常善于积累人脉，为了认识尽可能多的朋友，她总是随身带着自己的名片。她说："要是哪天出去没有带名片，我会浑身不自在，就像自己出门忘带钥匙一样。"大学毕业后，陈静经朋友推荐去了一家玉器公司任地区代理，负责在北京筹建业务。在工作期间，她认识了第一批北京朋友，其中有很多都是在北京的澳门人。在这些澳门朋友的介绍下，她加入了北京澳门商会，又经推荐当上了澳门商会的副会长。利用这个平台，她认识了更多在北京工作的澳门大富商。后来，陈静在朋友的推荐下开始投资房地产。由于当时北京的土地已是寸土寸金，房地产市场更是火热，有时候即使排队都买不到房子。但在朋友的帮助下，陈静很容易买到了房子，而且还是打折的。几年后，在朋友的建议下，她又陆续把手上房产变现，收益颇丰。

据陈静介绍，她目前的流动资产已经超过7位数，朋友则少说有几千个。她说，自己的人生是因为得到朋友的帮助才会这么顺利，"包括开公司、拉业务等，各种朋友都会照顾我，有什么生意会马上想到我"。

有些女人之所以能从穷人转变成富人，是因为她们非常注重对人脉资源的投资；而一些人之所以一辈子都跳不出穷人的怪圈，是因为他们从来不懂得积累人脉。所以，你如果想变成一个富人，那么就要有意识地去编织自己的人脉网，并不断地去丰富和发展它。

一个人的力量毕竟是有限的，如果能获得周围朋友们的帮助，那么成功就会变得更为容易。在这个"大鱼吃小鱼，快鱼吃慢鱼"的竞争激烈的社会，要想获得财富，就应该从现在开始积累人脉，因为只有丰厚的人脉才会带来滚滚的财源。

女人要学会社交的艺术

社交是一门艺术，女人必须仔细研究。它既是社会生活之需要，也是人类生理与心理之需要；它既对工作和事业有益，也可成全自身的幸福与安全。社交已成为现代社会日常生活中不可缺少的内容。国外有关学者的研究表明，只要学会了社交，不论你的工作和职务是什么，你都已经在通往成功的道路上走了大半，而在获得自己的幸福上则有了99%的把握。一个女人如果善于社交，就能赢得尊重，容易取得成功；反之，纵有满腹经纶，也会一事无成、处处碰壁。

25~30岁的女人想要玩转社交，首先要了解自身的优势所在。在当今社会的社交舞台上，已涌现出越来越多的令人瞩目的善于交际的女性。她们以丰富的内涵，礼貌、优雅的举止，在社交场合赢得了他人的尊敬，获得了他人诚挚的友谊和热情的帮助，最终赢取了自己所渴望的成功，实现了自己的人生价值。

女性在社交方面拥有独特的优势和无穷的吸引力，这早已被实践证明。

女性的感情细腻、柔和，更懂得自我反省和设身处地地考虑他人境遇，这使得她们在社交中不易伤害他人的情感或有损他人体面，因而也容易获得对方的好感和信任。女性的语言表达温和委婉、易于接受，对事物的感觉非常灵敏，这就使她们在人际关系方面更善于协调联络。因此，作为女性，应该立足于自身优势，掌握社交的艺术，自由、快乐地驰骋于社会大舞台上。

当然，对于25~30岁的女人而言，在社交中也要克服胆怯心理和自卑心理。如果因为不敢或不知如何与人交谈而被孤立在一边，和可以结识朋友的宝贵机会失之交臂，这是非常令人遗憾的。

对于25~30岁的女人来说，要想成为社交达人，就一定要提高自己的交际品位。交际中体现出的文明、文化、情感、理智、精神等因素，综合起来就是所谓的交际品位。这些因素的质量越高，则一个人的交际品位就越高；一个人的交际品位越高，其朋友等级则越高；朋友的等级越高，对其帮助就越大。

在言谈举止上，女人要讲究文明礼貌。一个女人只有从外表到内在都彬彬有礼，才能成为一个受人尊敬的人。在人际交往的过程中，只有形成尊重与被尊重的和谐关系，才可能让交际顺利进行和持续发展。文明礼貌是一切人际交往的基础，同样也是让你的交际行为更具品位的基本要求。

在对待人际交往的问题上，女人要有理智的态度。由于主观或客观方面的原因，我们常常陷入交际矛盾之中。这些矛盾大多是一些小是小非，甚至无所谓是非的问题，可我们往往能躲过一头大象，却躲不过一只苍蝇。原因就在于，我们在矛盾面前失去了冷静的头脑和理智的态度，意气用事，结果激化了矛盾，把原来容易解决的小问题变成了棘手的大问题。

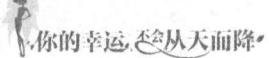

提升人气,会笑的女人最幸运

现代职场,微笑是有效沟通的法宝,是人际关系的磁石。不会微笑,甚至会给工作带来不便。微笑可以给对方留下温馨、亲切的印象,能有效缩短双方的距离,从而形成融洽的交往氛围。面对不同的场合、不同的情况,如果能用微笑来接纳对方,可以反映出你良好的修养和诚挚的胸怀。对于25~30岁的女人来说,一定要施展亲和力,用微笑来扫除职场中的"地雷"。

好感度提升,女人变身职场人气王

有很多姐妹喜欢到有气氛的餐厅就餐。对于那些对环境氛围敏感的女人而言,气氛好的饭店或者咖啡店会是她们的最爱。美国心理学家马斯洛将人类需求分为这样五个层次:生理需要、安全需要、情感和归属需要、尊重需要以及自我实现需要。人类在满足了一个层次的需要以后并不是原地停留,而是有一种渴求上一层需要的本能。因此,比起单纯的填饱肚子,人们当然会选择口味不错,又有气氛的餐厅。同样,在人际交往中,除了专业能力外,个人所散发出来的友好气场也很重要。

现代女性在职场中不仅仅需要有过硬的专业技能，同时还要提升自己在他人心中的好感度。何谓"好感度"？较为笼统的定义就是比较讨人喜欢，有魅力，有吸引力。提姆·桑德斯则将女性的"好感度"定义为通过传达身心与情绪的善意，让他人产生正面态度的能力。

作为职场丽人，建立同性和异性对你的好感度并不是一件很困难的事。用微笑表达好感，是提高别人对你的好感度的简单方法。此外，女人还可以通过自身的兴趣爱好、工作经历等与同事、朋友建立良好互动。再者，若能将心比心、换位思考、以诚待人，也会让自己更受信赖。

最重要的是，凡事都要有度，火候不到不行，火候过了也达不到理想效果，与别人交心时要让对方感觉到你的真诚。女人通过这样不断思考与训练，可以增加别人对自己的好感度。好感度提升了，自然你就是圈子中的人气王。

微笑提高魅力，魅力带来好运

女人的魅力在哪？甜美的笑容、得体的装扮、清亮的嗓音。女性的魅力是一种优雅的风格，能让女人在追求事业的时候获益良多。即使不是美女，只要常常保持微笑，也会使自己的魅力大增。

每个职场女性最心仪的赞美之词莫过于"魅力十足"。魅力不像容貌是与生俱来的，而是完完全全靠后天慢慢积累而成。上天对于每个女人都是公平的，当它向你关上美貌的门时，却可能为你打开魅力的窗，让别人从你身上看到比美貌更加动人的风景。一个有超强人气的女人，一定是魅力十足的女人，她必定外表精致优雅，举止得体大方，言谈风趣时尚，声音轻柔悦耳，眼神充满善意，笑容温婉动人。女人的魅力是其外在形象与内在素养的完美结合，而形象和素养都是可以通过学习得以提高的。

对于25~30岁的女人来说，把自己打造成魅力女人，提升自己的职场价值，让自己的职业生涯更为完善，是刻不容缓的事情。

王堃是一个普通的女孩，但是她开朗活泼，生性喜欢笑，办公室所有的人都喜欢她。主管也很喜欢王堃，称她为办公室里的酥心糖。很多时候，主管喜欢带着王堃出席公司的一些重要活动，因为在各种场合，王堃都能用她的微笑，让每一个与会者感到舒适。

一年以后，王堃获得晋升——原主管升职为大区主管，而他推荐王堃担任副主管，协助新来的主管开展工作。由于王堃以前经常接触公司的高层，他们都对王堃有良好的印象，并对她有信心，便同意了这位主管的推荐。于是，王堃一跃成为部门的副主管。

王堃的升职是很正常的，撇开她得到公司很多高管的赏识不说，她只凭频繁参加公司的一些重要活动，能力就得到很大提升，已经完全能够胜任副主管这一职务。其次，新的大区主管对新部门的情况不太熟悉，王堃是其最好的帮手。最后，王堃的微笑一如既往，以前她用微笑打动领导和同事，现在她依然能用微笑来激励下属。

可以说，王堃的好运，是她的微笑回馈给她的礼物。

控制自己的情绪，保持一张笑脸，是每一个白领丽人必须要做到的。其实，无论面对尴尬还是面对成功都能微笑的女人，运气一般都不会差。

表情冷漠的女人，必然会留给人一种深沉、不易捉摸的印象，让人觉得不容易应付。若想交到更多的朋友，女人就必须先收起严肃呆板的面孔，放松眉头，翘起嘴角，用甜美的微笑去面对他人。在当今这个人与人之间变得冷漠的社会里，常把微笑挂在脸上，将是你高效率工作并且走向成功的一把金钥匙。

在职场人际关系中，微笑是最好的通行证。对大多数女人来说，因为平时工作忙碌，生活圈子小，所以职场不仅仅是竞争的场所，更是交友联谊的场所。在工作中，给同事一个微笑，给客户一个微笑，往往能收到意想不到的效果。

无论在家里、在办公室里，甚至在路上遇见朋友，只要你不吝惜自己的微笑，就会得到意想不到的回报。微笑能为你带来好人缘，而好人缘则让你的工作效率迅速提高。许多专业推销员，每天清早洗漱时，总要花两三分钟时间，面对镜子训练自己的微笑，甚至将之视为每天的例行工作。

微笑代表女人的自信，也代表她的良好素养。人们往往首先依据你的表情来确定对你的印象，从而确定对你所办事情的态度。因此，许多时候只要你绽放一个微笑，你与他人之间的关系就会变得更为融洽，一些难关也便更易渡过。

微笑能给你带来快乐，也能帮你创造快乐。而快乐是高效率工作的动力和源泉。笑容是一个人最具感染力的表情。如果你每天都春风满面、笑容可掬，别人对你的感觉和印象就一定会特别深刻。无论是应聘工作、洽谈业务，还是赶赴约会、出席酒宴，微笑都能使你拥有无穷的魅力，让你所办的事情进行得格外顺利。当你微笑时，你便成熟了，你便美丽了。面带微笑的女人，永远会受到人们的欢迎。

如果你不小心得罪了你的朋友和同事，或无意中冒犯了你的上司和长辈，微笑也可以帮助你化干戈为玉帛。主动真诚地向他们报以微笑，一切便会和好如初。想赢得别人的喜欢和帮助，你就要真诚地向别人展示你甜美的微笑。真正的微笑，是令人温暖的微笑，是发自内心的微笑。女人们一定要懂得，微笑在社交与工作中能发挥极大的作用。

在与人交往的过程中，微微一笑，对方就会感到温暖，这样可以促进双方深入的交流。如果女人希望工作中常有快乐，希望自己的工作有较高的工作效率，希望好机会早日降临到自己头上，那么就多多微笑吧。只有会笑的女人才是最后的赢家。

男人是黄金，奇货才可居

并不是所有的男人都有升值的空间，都值得女人托付终身。对于25~30岁的女人来说，想要选择好伴侣，首先要做好鉴定。女人嫁老公就像是投资，不能只看到眼前他的风光无限或落魄潦倒；而是要有好眼力，找准纯度高、杂质少的"潜力金"，这样的男人将来也许是大有前途的"黑马"。找个既有实力，又有潜力的男人，是女人幸福的保障。

女人要慧眼"鉴金"

对男人来说，为女人奋斗和为事业奋斗，基于同一种荷尔蒙的作用。可以说，一个愿为获得优质女人的青睐而努力奋斗的男人，在事业上也会有所成就，反之亦然。所以，看一个男人有没有成功的可能，可以先看看他身边的伴侣以及他的恋爱史。

假如他的伴侣条件相当不错，在外人看来，仿佛"一朵鲜花插在了牛粪上"，这一般证明那男人具有发家致富的潜力。或者尽管目前他尚无美人相伴，但总有"癞蛤蟆想吃天鹅肉"的决心和勇气，屡败屡战，百折不挠，那么很有可能几年后他就会令人刮目相看。还有一种鉴别"潜力股"的方法，就是看他会不会向你细细描绘成功前景。一般而言，他描绘的蓝图越是清晰可见，越能证明他是在不断为着自己的梦想而努力，这样的男人往往还是开会狂、工作狂。

如果你和他同在一个公司，有一个很简单的观察办法：看他向上司汇报、在小组或公司内部做提案以及说服客户时的表情、语气和成功率。一个对事业有野心的男人，在做提案的时候会表现得充满激情，同时有一些有力的肢体语言。

具体而言，女人该如何去评鉴男人呢？不妨参照以下几点：

第一，看他是否有上进心，一方面看其工作是否努力，另外还要看他能不能创造有利于晋升的条件。

第二，看他会不会向你透露他在事业上的计划和打算。

第三，看他是否具备"潜力股"的条件。男人现在穷一点不可怕，只要他肯奋进，就是有前途的人。

另外，不要因为曾经失败的恋情而抗拒接纳新的恋人。其实之前的经历是自己的财富，好好总结一下失败的经验教训，就可以更好地开展一段新的恋情。记得某位作家曾说过，上帝会让你在情路上先遇见几个错误的人，那个最合适的人，总是来得最晚。在经济学中，人们也说，那个最适合你的投资项目，往往在你失败几次之后才会姗姗来迟。

缩小期望值，爱情才幸福

在现实生活中，为什么有的情侣看似平凡普通却很幸福，而有的女人和男友有房、有车、有存款，却总是闹矛盾？

记得大学导师曾讲过，经济学中有个公式：幸福＝效用／期望值。表面上看，同样的事物所起的作用大致相当，而实际上，你的期望值越高，幸福感就越小。举个例子，如果男友的公司发奖金，他拿到了5000元，可你期望他用这个奖金给你买一辆需要50000元的小汽车，套用以上公式，用5000除以50000，很不幸，你的幸福感只有0.1。同样一笔钱，如果你闺密的期望是让男友请她吃顿西餐，只要200元。那么，用5000除以200，她的幸福感是25，大大高于你。所以说，要想获得爱情中的幸福，最好不要让欲望影响你的生活。

选夫如选股，女人要择股而持

女人是完全可以靠婚姻改变命运的，只要你选择的是"潜力股"男人。选择"潜力股"的关键就是着眼于未来，就像选股票时着眼于股票未来的走势和发展方向，不以当下的成败论英雄，不被表面现象所诱惑。外表、长相、身高之类，纯粹是审美意义上的判断，就像股票的名字，好不好听无关紧要。至于他现在从事何种职业，居于什么样的位置，也仅仅是参考。重要的是他的才识、胆量、野心，这些才是衡量一个男人能不能在未来取得成就的重要指标。

经常炒股的人都知道"股神"巴菲特的选股理念，他看一只股票，往往是看它40年后会是什么样子，选择了就长期持有。

其实，女人在选择男人时，也可以借用这种观念——用长远的眼光去选择一个升值空间大、有潜力的男人。所以，暂时钱包不鼓的男人可以考虑，但脑袋没有思想的男人绝不能选择。真正睿智的女人，不会只注意眼下的表象，而是会花更多的时间和精力去了解男人未来的发展潜力。不要担心你看上的人暂时没有高收入，害怕你们今后的日子不好过。他只要有目标、有能力，就一定会有未来。一旦哪天他的才能得到充分发挥，他的事业就会蒸蒸日上，收入也会稳步增长。那时，你与他的感情必将沉淀得更为醇厚。与这样的男人生活在一起，会让人有安全感、幸福感和满足感。

在传统的校园爱情模式里，张晓属于另类。青春美丽的张晓，对倾慕者的大胆表白、委婉暗示以及苦苦追求统统视而不见，却将一颗真心投向英语系一位名不见经传的年轻教师。师生恋本身平淡无奇，但是才貌出众的"白雪公主"与未变成"王子"的"青蛙"之间的巨大差异，足以让所有旁观者惊讶。

在谜底揭开之前，我们一直在猜测那个幸运的白马王子的形象。对于年轻女孩而言，眼前的这个人能否让其怦然心动是关键。他应该与众不同，最好有飘扬的头发，有摇滚歌手般略带沙哑的嗓音。总之，这个人应该有符合视觉审美和感观需求的一切要素。

但是，一切出人意料。在张晓身边，出现了一个矮小瘦弱的身影。所有人都大跌眼镜。有人得知张晓是在这位男老师的一堂公共课上对他一见倾心之后，甚至特意跑去听他的课，以追寻这一场爱情的缘由。当然，课讲得很精彩，讲台上的男老师与张晓身边的那个普通男子判若两人。可这又有什么用呢？爱情是平常日子里站在你身边的那个人，而不是讲台上神采飞扬、滔滔不绝的演讲者。在同学们的一片嘀嘀咕咕、窃窃私语中,张晓坦然自若地挽着那个默默无闻的小讲师在大家复杂的目光中走过。

时间证明了张晓选择的正确。若干年后,年轻的讲师成为财力雄厚的房地产公司的首席翻译师。财富和地位造就了这个男人崭新的形象。此时,已经没有人在乎他的外貌是否英俊、身材是否高大、笑容是否灿烂。

不少人对张晓的远见钦佩不已。与此同时,也有人开始为张晓担心,她能否把握得住一个成功男人的现在?张晓依然沉静如水,就像当年她看到的不是一个穷讲师,而是未来的精英一样,如今她看到的也不是魅力十足的成功男人,而是他告别喧嚣与荣耀之后的平和与真情。

不可否认,张晓是爱情投资理论的获益者。其实,爱情投资理论可以概括成通俗易懂的一句话:选婚姻就像选股票,你得有一双慧眼,找寻最有价值、最有潜力的绩优股。

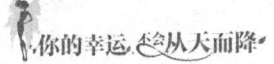

糊涂女人做事，聪明女人做人

对于25~30岁的女人来说，要少一点天真浪漫，多一份成熟稳重，这体现在对做人和做事的态度上。埋头做事，事情做得越好，你越容易被固定在一个岗位上，最多成为资深职员。所以，更重要的是要学会做人，只有会做人，才能左右逢源，尽快得到实现人生理想的机会。一些成功的女人总是把"先做人，后做事"当作座右铭。杜月笙曾说，人有三碗"面"难吃，一是场面，二是钱面，三是人情面。其中，最难吃的正是人情面。偏偏怎么吃这碗难吃的"面"，在学校往往没人教，进了社会又没人敢教。所以女人只有凭本能，不断地在人情困境中学习做人的能力。

女人做事，要避免短板效应

木桶是由多块木板组成的，它的容积不是取决于最长的那块木板，而是取决于最短的那块木板，这就是短板效应。对于很多女人来说，自身最大的短板，当为社交能力。

曾听说过这样一句话：天资好不如学问好，学问好不如做事好，做事好不如做人好。做事主要是指自身的工作才能、专业技能；而做人一方面是指内在的人格和人品，另一方面指的是如何处理自己与他人的关系，也就是人际交往的能力。

人际交往能力可以大致分为两种：第一种是沟通表达、交际应酬、察言观色等方面的能力；第二种是拓展、维护交际圈以及整合人脉资源的能力。

郑春媛毕业于成都一所高校，是一名非常优秀的平面设计师。大学毕业以后，郑春媛一直供职于深圳某知名广告公司。凭借深厚的美术功底和突出的平面设计能力，她用几年时间从一名普通的职员做到了公司的创意总监，继而又被提升为副总经理。在此期间，她相继买了一套100余万的房子和一辆近20万的车，银行里还存了几十万元。

眼看创业已经水到渠成，自己离女强人仅有一步之遥，郑春媛便辞去了公司的职务，自己成立了一家广告公司。郑春媛原来主要负责创意和设计等方面的工作，很少与客户直接协调、沟通，而现在却必须与客户面对面谈合作了。郑春媛非常恃才傲物，人际交往并不是她的强项。一次郑春媛跟客户探讨一个平面广告的设计时，客户对她提交的方案提出了几点意见。郑春媛不但没有尊重对方的意见，反而反唇相讥："我做了好几年广告了，我对自己的作品有足够的信心。稍微有点艺术欣赏力的人，都不会像你一样对我的作品提出这么不专业的意见。"

没过多久，原本就非常有限的几家客户都相继跟郑春媛断绝了生意来往。老客户相继流失，拓展新的业务更是难上加难。一年以后，郑春媛把房子和车子都变卖了，银行里的几十万存款也在转眼之间变成了十几万贷款。

走投无路之际,她只好解散了自己的公司,另外找了一家广告公司打工去了,可谓是"辛辛苦苦十几年,一夜回到解放前"。

正是人际交往的短板让郑春媛的整桶水在顷刻间流走了,尽管桶身的其余木板都那么高。

对于女人来说,想要创业,一定要避免短板效应,不要让最短的那块木板——人际交往能力,影响自己的成功。

女人要比"做人者"会做事,比"做事者"会做人

现在职场里流行这样分类:既会做人又会做事的,会做人不会做事的,会做事不会做人的,既不会做事也不会做人的。很明显第一种人是聪明人,他们既能把事做好,又受人欢迎,无形中为自己搭建起上升的人脉阶梯。现在的职场,什么都缺就是不缺人。试想一下,如果你是出钱的老板,难道不想雇用这样的聪明人吗?

在每个办公室里,总有一些"做人"的人不屑于"做事"的人,"做事"的人鄙视"做人"的人。"做事者"认为"做人者"没有原则,"做人者"认为"做事者"太过执着。

实际上,这二者并非水火不容。"做人"要看做什么样的人,"做事"要看做什么样的事。礼貌做事、说话多考虑别人的感受、有空就夸奖夸奖同事,这样的"做人"无伤大雅;认真工作,按时到岗,任劳任怨,这样的"做事"也不算是愚钝。

"做好人"是"做好事"的锦上花,"做好事"是"做好人"的奠基石。一个成功的女人,懂得自己要比聪明的女人漂亮,比漂亮的女人聪明。换句话说，一个成功的女人，一定要比"做人者"会做事，比"做事者"会做人。

有句歇后语，叫"老太太吃柿子——拣软的捏"。人与人之间也是如此，办公室中总有一些人本身就带着"弱势"的气息，受苦受累还受气。那么，什么样的人最容易成为职场苦力呢？

怕得罪同事的"老好人"：每个圈子里都有这样一位老好人，脾气超级好，跟老太太一样，从来不得罪人。"没事儿，没事儿"是她的口头禅。后来，大家就真觉得麻烦她、使唤她是理所当然的了。

能力高、EQ 低的"迷糊人"：职场苦力也不一定就是能力很差的人，职场中能力强、情商低的人也有很多。特别是被奉承两句"非你不可""只有你能解决"以后，这类人立刻热情万丈，浑然不觉自己已经透支了体力、精力和宝贵的时间。

同情心太过的"伪强人"：有的女人善良过度，总是爱充英雄。看谁有点困难就心存不忍，甚至主动冲上去帮忙，最后把自己累得够呛。

这些类型的人，往往会成为职场苦力。如果你不想成为这些类型的人，那么就要学会做个聪明的女人，要比"做人者"会做事，比"做事者"会做人，在做人和做事方面都不失偏颇，不留短板。

不妨做一个像"小人"的女人

"小人"这个词语给我们的印象，往往具有贬义性质，与它搭配的也多是"奸诈、无耻、卑鄙"这些词语。但如果从做人的方面去分析，小人往往比英雄更会做人，所以他们更适合职场，更容易获得成功。

古人云："惟辟作福，惟辟作威。"意思是，身处权力顶端的君主颐指气使、作威作福惯了,最喜欢的就是有人处处曲意逢迎、拍马屁、抬轿子,让他充分感受君临天下、至高无上的滋味。上有所好,下必附和。既然君主有此嗜好,自然会有奸佞小人瞅准机会,投其所好,进行政治投机,骗取君主信任。像三国时期曹魏名将邓艾,就是被他的同僚小人钟会陷害致死的。邓艾率众将士翻越人迹罕至的崎岖的阴平险道,出奇制胜,兵临成都,立下灭蜀第一功。这让身为主帅,却钝兵挫锐于剑阁的钟会感到十分没有面子。此时的钟会妒火中烧,给邓艾父子扣上"谋反"的罪名,擅加诛杀。

你在沙场奋力杀敌建功,在书房埋首处理政务,到头来远不如那些奸佞之徒一个谄笑、一记马屁能让坐在金銮宝殿上的君主开心受用;你煞费苦心在君主那里培植起来的一点好感,奸佞之徒轻飘飘一句谗言就可以让它消失得无影无踪。女人也要以史为鉴,保持君子本性的同时,不妨也学习一点小人的"奸诈"。

会做事当然是第一要义,但会做人是要义中的要义,如果本身工作能力强,待人接物又处处到位,自然不管是同事还是上司多少都会对你有点优待。IQ 低点没关系,EQ 一定要高。

人在江湖,身不由己,要想混得下去并且混得好,跟上司的关系一定要保持良好,偶尔跟小人一样拍拍马屁也是很重要的。慢慢交情深了,让上司了解你、信任你,有什么好事上司才会想到你,你才会有更多的发展空间和机会。

这并不是鼓励女人要处处献媚,没有原则。只是提醒女人们,努力工作虽然是必需的,但也要让人看到才行。和同事之间,同样的意思用不同的方式表达出来,产生的效果就会不一样。明明能让大家高高兴兴地合作,何必要自找没趣呢？

"要学做事，先学做人"，说出这话的人一定是在职场上摸爬滚打多年的老前辈。如果因为不会说话、不会交际而使自己的前程毁于一旦，岂不可惜！

职场如战场，在这里我要强调的是，并不是要女人去学习小人的阴险奸诈，而是要学些他们曲意逢迎的做人态度。职场是残酷的，如果一个女人不懂得这些，最后只能后悔莫及。即使可能因做事能力强而一鸣惊人，但如果不会做人很快就会变成职场的边缘人。立身处世，如果能够做到厚道之中显圆滑，糊涂之中藏精明，敞开心扉后仍有防暗箭的才智，相信你必定能在职场中游刃有余、进退自如。

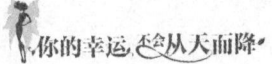

马太效应,让人脉发挥作用

《圣经·马太福音》说:"凡有的,还要加给他,叫他多余;没有的,连他所有的,也要夺过来。"这就是"马太效应"的由来。马太效应的本质是一种累加效果,成功者由于得到了社会的肯定和认同,信心大增,加上掌握了方法,会吸引更多优秀资源,进一步成功也就相对容易。而失败者容易怨天尤人,忽略对自身的培养,自然止步不前。这样,前后两者最终导致"好的更好,差的更差"。马太效应反映出人脉关系累积的重要性。25~30岁的女人要想保持优势,就得将人脉的雪球不停地滚下去,滚大、滚结实了,才不会散落,才能充分发挥人脉圈的作用,提升自己的身价。

女人要做职场中的脉客

时髦的名词如今是越来越多,而身在职场的你,需要了解一个新名词——脉客。脉客特指一些善于使用人脉、经营人脉的群体。台湾的杨耀宇就是这样一个将人脉竞争力发挥到极致的脉客。他曾是某投资顾问公司的副总,后来退出职场,为朋友担任财务顾问,并担任五家电子公司的董事。为什么杨耀宇一个从台湾南部北上打拼的乡下小孩,能够快速积累财富?他说:"我的人脉网络遍及各个领域,成千上万条,数也数不清。"女人应该和他一样,也拥有自己的人脉网。

人脉如同一张网,女人要想提升自我竞争力,就需要经营人脉。因为财富的积累最初是靠本领,然后靠资本,而最高层次是靠资源的整合与人脉的经营。

在复杂多变的职场,人脉的重要性不言而喻。如果你生来没有富爸爸,也没有嫁到金龟婿,就不具备唾手可得的人脉关系网,那就需要你自己拓展和提升人脉。女人要拓展人脉和提升人脉竞争力,这听起来是件很头疼的事,其实也不难。

下面的几种方式,可以助你拓展和延伸自己的人脉:

一、初次见面的交谈技巧

女人在面对刚认识的人时,重点是要让他多说话。人通常本能地会想说自己的事情,所以先要从对方感兴趣的话题入手,让他慢慢地打开话匣子。这样,你们就能顺利地拉近彼此的距离。

二、朋友介绍

人脉可以通过朋友介绍而层层递增,比如经朋友、同事,甚至是新客户介绍他们的熟人,这样循环再循环,就能累积延伸相当可观的人脉。不过,你不能只接受别人的介绍,同时也要把自己的人脉资源介绍给朋友,这样资源共享,才能财富共赢。

三、筛选人脉

人脉可以分为优质人脉、中等人脉和劣质人脉。我们要学会筛选优质人脉，因为只有优质人脉才可以帮助你更快更好地获得成功，而低级人脉则可能阻碍你取得真正的成功。

如果你在大学期间通过自己的努力结识了很多优秀的企业老总和专家学者，通过与他们的交流和你的谦虚学习，毕业后你肯定更容易获得就业机会。但是，如果你在大学期间普普通通，人脉圈也只在自己的同学之间，毕业后你就可能和大部分同学一样，去参加黑压压的招聘会。而最可悲的是，如果你积累的是劣质人脉，即狐朋狗友，不要说你会不会有大成就了，也许连顺利毕业都是个梦想了。

朋友，是女人最好的人脉大树

生活中，我们不能缺少朋友。"千里难寻是朋友，朋友多了路好走"，结交一个朋友就多一条路。在最困难的时候，往往是你的朋友帮助了你；离开了朋友，你往往就会陷入无助之中。朋友，是你人生中一笔巨大的财富，是关键时刻你可以依靠的大树。

阿雯从父亲的手中接过了一家食品店。这是一家历史悠久的食品店，很早以前就存在而且口碑良好。阿雯希望它在自己的手中能够发展得更加壮大。

阿雯准备和老公一起去度假，于是这天晚上打算早早地关上店门，为度假做准备。突然，她看到店门外站着一个年轻人，他面黄肌瘦、衣服褴褛、双眼深陷，典型的流浪汉形象。

阿雯是个热心肠的人。她走了出去，对那个年轻人说道："有什么需要帮忙的吗？"年轻人腼腆地问道："这里是食品店吗？"他的话语里带着浓重的南方口音。在得到肯定答复后，年轻人更加腼腆了，低着头，小声地说道："我是从广西来找工作的，可是整整两个月了，我仍然没有找到一份合适的工作。我父亲年轻时也来过这里，他告诉我他在你的店里买过东西，喏，就是这顶帽子。"阿雯看见小伙子的头上果然戴着一顶十分破旧的帽子，那个被污渍弄得模模糊糊的"A"字形符号正是她店里的标记。"我现在没有钱回家了，也好久没有吃过一顿饱饭了，我想……"年轻人继续说着。

阿雯明白了，眼前站着的人只不过是多年前一个顾客的儿子，但是她觉得应该帮助这个小伙子。于是，她把小伙子请进店内，好好地让他饱餐了一顿，还给了他一笔路费，让他回家。

不久，阿雯便将此事淡忘了。过了十几年，阿雯食品店的生意越来越兴旺，在省内开了许多家分店，于是她决定向省外扩展。可是由于她在外省没有根基，要想从头开始是很困难的，为此她一直犹豫不决。

正在这时，她突然收到一封从广西寄来的信，原来正是多年前她曾经帮过的那个流浪青年。此时那个年轻人已经成了广西一家大公司的总经理，他在信中邀请阿雯去两广发展，与他共创事业。这对于阿雯来说真是天降喜事。有了那位年轻人的帮助，她很快在两广及香港建立了她的连锁店，而且其连锁店发展得异常迅速。

英国殖民帝国主义时期的首相本杰明·迪斯雷利说过："没有永恒的朋友，没有永恒的敌人，只有永恒的利益。"朋友即人脉，可以为你带来利益，是你可以依靠的参天大树。作为女人，应该与自己的朋友更亲密，把曾经的敌人也变成朋友。总之，目的只有一个：从朋友的身上得到最大的利益。

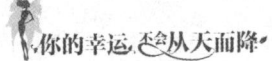

小成功靠自己，大成功靠人脉

每个女人都渴望成功，但走向成功的过程中一定会遇到重重困难。有的女人面临困难时，无所畏惧，百折不挠，将困难视为生活的一种考验，并使之转化为一种积极有利的因素。直到困难超出了自己的能力范围，她才会去依靠朋友，此时朋友也会慷慨解囊。而有些女人遇到一点点小困难，就会畏惧退缩、求助于人，这样往往到大困难来临时，没有朋友愿意再出力帮忙。俗话说，好钢要用在刀刃上。经营人脉时一定要切记这个道理。

杀鸡焉用宰牛刀，小困难自己解决

女人一生中可能经常遇到困难挫折，如果凡事都靠别人去解决，即使最后获得一点点小的成绩，相信也不会有很满足的成就感。

女人小困难靠自己去解决，这也许是一种幸运的开始。

何颖大学刚毕业的时候，父亲拍着她的肩膀说："相信你一定可以战胜困难。"那时她的母亲刚刚去世，父亲也因为一场意外事故病倒在床上，没有多少社会经验的她感觉自己好像挑起了千斤重担一样。虽然她有个好朋友在矿场做老板，但她是个要强的女人，不轻易去求人。她是自费生，毕业后工作是自己找的，在单位里是无人理睬的新人。但是，她没有气馁，在父亲的鼓励下，她每天早出晚归，渐渐赢得了老板的信任。

有一次，公司安排她到西北一个城市去联系几家批发商，路途遥远，毫无业务经验的她感到无从下手。此时，又是父亲——那个正病倒在床上的老人，鼓励她："相信你一定可以战胜困难。"于是，她拜托一位友人照看自己的父亲，然后轻装出发了。

一个多月的时间里，何颖不停地奔波忙碌，煞费苦心地向一些目标客户介绍自己公司的产品。她逐渐赢得了别人的信任，顺利地完成了公司交给她的任务。回到家后，父亲的病已经好了，可以自己照料自己了。而她也凭着自己的勇气和刻苦精神获得了老板的赏识，成为一名销售主管。现在，她已经积累了丰富的人脉资源，自己开创了一番事业。

走向成功的路途中遇到困难，是再正常不过的事情了。每个女人都会遇到大大小小的困难，这些困难向她们提出了不同的挑战。如果想做一个内心强大的女人，就必须依靠自身的优势，尽最大努力去战胜困难。

人生如战场，试想一下，如果你身临战场，一遇到困难就躲在战友身后，其后果会怎么样？把事情做好，把小的困难解决掉，这不也是一种作战吗？因此，女人在自己的生活和事业中碰到微小的困难时要尽量自己解决。这样做有两个原因：一是做给别人看——要让别人知道你并不是一个懦弱的女子；二是做给自己看——女人一生中不可能一帆风顺，事事顺心如意。碰到一点儿困难其实并不可怕，要把困难当成是对自己的一种考验与磨炼。不到万不得已，不要求人。也许你不一定能解决所有的困难，但是在克服困难的过程中，你在智慧、经验、心志、胸怀等各方面都会有所收获，对你日后应对大的困难很有帮助，因为你至少学会了如何应付。如果你顺利克服了小困难，那么在这一过程中你所积累的经验和信心将是你一生当中可贵的财富。

香港很流行一句话，"施比受更有福"。所以女人在不断接受朋友帮助的同时，也应尽可能多地帮助朋友。但是，该自己独立处理的事就该自己去处理，凡事指望着别人是没有好处的。这样既是对自己的一种磨砺，也是对人脉价值的最大化利用。

好钢用在刀刃上，女人要将人脉价值最大化

人脉越广，路子越宽，事情就越好办。几千年来，这已经被无数的经验和教训所验证。一个优秀的女人，往往能影响自己身边的人，能接受他们，使他们与自己的关系更好。好人脉是成大事者的最重要的因素，也是必备的条件。因为人脉越好，事情就越好办。当我们办事不顺或者四处碰壁的时候，你一定经常会有"如果我有足够多的关系，一定可以更加顺利地完成这份工作"或"如果和那位关键人物能够牵扯上任何关系，做起事来就方便多了"的感触。因为，只要我们和那些关键人物有所联系，当有事情想要去拜托他们或是与其商量、讨论时，很可能会得到很好的回应。

这种与关键人物取得联系的有利条件，就是人脉力量。事实上，人脉关系越宽广，做起事来就越方便。搭建丰富有效的人脉关系是女人们到达成功彼岸的不二法则。

因此，人脉的重要性毋庸置疑。而究竟应该积累多少人脉，或者说人脉

范围有多广，才是合理的、恰当的？这是绝大多数女人需要思索的问题。

人脉就好比一座无形的金矿，拥有了这座金矿，你就掌握了取之不尽的财富。富人认识到了这一点，所以富了；穷人没有认识到这一点，所以穷了。穷人一辈子都没有认识到这一点，于是穷了一辈子，自己穷了一辈子也就算了，还要连累子孙后代，一代代穷下去。不知人脉为何物，更不能把人脉的价值最大化，这就是愚昧的行为。

聪明的女人都深知人脉的重要性，所以常让自己的继承人跟自己现有的人脉打成一片，今天领着他拜访这位董事，明天带着他探望那位世伯，直到他熟识了自己熟识的所有人，才敢放手。大家可以关注一下这样的事实，历史上或是现实中，凡是继承人能够将人脉很好地延续下去，事业必定能够发扬光大，达到一个前所未有的高峰；而一旦人脉断裂，事业则必将随之败落，"富不过三代"多是出于这个原因。

人脉广了，如果不会打理，不能有效利用，不能使效能最大化，那也无用。古时候的帝王应该算得上是人脉最广的，但是又有几人是善终的？因此，一些职场女人每天一早睁开眼，首先想到的就是如何"驭人"，却往往落得遇人不淑的境地。不是她们人脉不够广，而是实在太广了，她们压根儿应接不暇。其实，真正对女人一生前途命运有着重大影响、起着决定性作用的人，只有屈指可数几个而已，甚至只是一个。真正的智者，不仅懂得经营人脉，更懂得如何用最少的人脉发挥最大的效能。

人脉的经营与回报往往是成正比的：你要别人为你付出金钱、肉体，甚至生命，那么你就得给予对方其认为值得为你付出的代价，譬如名誉、权力抑或爱情。同时，当你求别人办一件事时，就得做好准备，说不定哪天你就得还给他,甚至还要加上利息。昨日的合作伙伴,明日就可能成为竞争对手,其变化之莫测,需要人们去细心经营。

在这个人脉年代里,做小事靠自己,做大事离不了人脉。因此,女人不仅要认识到人脉的作用,而且要把它的价值发挥到最大。这样的你,才算是智者。

朋友簇绕，女人才是一朵黄金花

古人云：知音难求。所谓的好朋友，是要以"近朱者赤，近墨者黑"为训诫的。我们也要有"从一个女人周围的朋友，判断她的为人"这样的常识。朋友是不可缺少的，没有朋友的女人是可悲的。因此，25~30岁的女人一定要让友情来滋润自己。要想成为一朵黄金花，就必须使自己被朋友簇拥。

黄金花要开在鲜花丛中

常言道，"一个好汉三个帮"。女人也是一样，自古以来，成就一番事业的女人都少不了别人的帮助。女人有了朋友，内心从此不再寂寞。朋友就是爬山时的拐杖，是情绪低落时的浓咖啡，和你分享快乐和幸福，和你分担痛苦和烦恼。女人在职场上、在社会上遇到的许多困扰和疑惑，都可以和朋友商谈。朋友是爱人、亲人的补充和延续，在女人人生中的作用是巨大的。从高品位朋友们的思想里汲取营养，是女人的人生更上一层楼的必要条件。更难得的是，有了好朋友，女人的人生会变得更加绚丽多彩。

"朋友"是一个让女人感到温暖的词,每个女人都会有不同类型的朋友:也许他总是不见影子,在你需要他的时候却会奇迹般出现;也许他常常跟你一起疯一起笑;也许你们互相挂在网上,什么都不说,却能感到彼此的存在,你会找他抱怨、倒苦水,也很愿意跟他分享你的快乐和新鲜事。

朋友是女人生命中最宝贵的财富,缺之不可。近日,美国某杂志撰文说,每个女人一生都需要几种朋友。他们不仅可以给你做伴,也可以促进你的健康。一种是发小,他们从小和你一起长大,陪伴在你身边,他们始终会提醒你记住从前的自己。一种是新朋友,之前对你并不了解,但他们可以给你带来新的思想,将你带进一个新朋友圈。一种是运动型朋友,找一个能和自己一起挥汗如雨的朋友,对促进身体健康很重要。一种是倾吐心声的朋友,对你保持心理健康极有帮助。最后一种是与你有共同兴趣爱好的朋友,他们能为你发掘生活的诸多趣味。

而且,多个朋友多条路。朋友多了,路子广了,办事情就得心应手、事半功倍;朋友少了,则势单力薄,劳神费力,难上加难。

职场女人要想在社会上办成事,拥有比较多的朋友关系至关重要。朋友多,在社会上的人缘就好,因而求人办事也更容易。所以女人的朋友多少,往往能直接反映出她在社会上办事能力和水平的高低。

文静毕业于一所重点大学,在校期间是非常优秀的学生干部,结交了许多好朋友。毕业后她开办了一家公司,刚开始生意很红火,赚了一些钱,她就拿这些钱帮助朋友们创业。

后来,文静看准了一个很好的机会,投资了一个项目,而且把公司的资金全部投了进去。可是资金回来得很慢,公司剩余的资金很快就周转不开了。

文静的朋友们听说了这件事，纷纷倾囊相助，帮助她渡过难关。这个项目最终让文静赚了很多钱，她不但很快把借款还给了朋友们，公司的资产也翻了几倍。

因此说，朋友多了好办事，朋友会在你遇到困难时慷慨解囊、鼎力相助。

女人要懂得与异性交友的艺术

都说男女之间没有纯友谊，男女之间的友谊经不起过夜。其实不然，只要女人把握尺度，还是可以从异性朋友中获得友情的。心理学研究发现，男人和女人拥有不同的思维模式，男性习惯线性思维，有深度，但缺乏完整性；女性习惯圆形思维，有完整性，但缺乏深度。因此无论是女强人还是平凡的女人，如果能有一个异性朋友，弥补彼此思维的缺陷，那真是值得庆幸的。

在女人的生命中总会出现许许多多的异性，有些只是匆匆的过客，而有些则会在女人生命中经历或短或长的一段路。有两类男人是女人需要重视的：

一、丈夫

女为悦己者容，多数女人在爱情的滋润下会显得越发的美丽迷人，读书和健身都赶不上爱情的美容效果。没有爱情的女人往往像是枯萎的花朵，她的私生活也往往混乱不堪。所谓丈夫，就是一丈之内搀扶你的人，这意味着女人需要爱情，需要有人保护。沉浸在爱情里的女人更有女性特质，欢笑和泪水共同丰盈着她的感情世界。丈夫永远都藏在女人心灵最深的地方。为爱身心憔悴的女人，即使面显疲态，生命对于她来说也是绚烂多彩的。男人的爱情观千差万别，嫁给一个什么样的男人，一般就注定了女人后半生的命运。但爱是属于私人的，怎么样去爱，由你选择。

二、铁哥们儿

在异性朋友中应该有哥们儿一类,这种友情是由女人的个性所决定的。开朗活泼的女人习惯与男人以同性的姿态交往,不仅可以聊天交心,可以互相透露隐私,也可以同时揣摩异性的心理。

面对男上司、男同事,特别是自己爱的那个男人,女人难免有些解不开的疑问。女性在认识上总有性别偏颇,不能完全从男性的角度去思考问题,这时候铁哥们儿便可以从他的角度帮女人设想和分析。男人了解的男人是一面,女人了解的男人是另一面。正如同上文所说,男人与女人的思维方式是不同的,一个男人和一个女人对另一个男人的评价综合起来才能全面评价这个男人。女人受伤需要出闷气、发牢骚,这时哥们儿又是最佳人选之一。你们可以一起蹦极,一起登山,或者一起打电动。像哥们儿这种男人需要长久培养,信任是经过时间的考验产生的,因此你想喝水就得先打井。培养一个这样的朋友,要经得住男女之情的诱惑,别为了一时的冲动失去一辈子的朋友。有时候,找个关心你一生的铁哥们儿比找爱你的男人还要难。

女人如果拥有这两种男人,这个女人就是幸福的。跟男人保持良好的朋友关系,首先要得到男人的尊重,而不能表现轻浮,让异性觉得你容易得到。出色的女人就是情感的调酒师,以柔克刚,水乳交融,点到为止,让自己杯中的多色酒各归其位,又相得益彰。

Chapter 4
30~40岁 抓住机会增值快，家庭事业双丰收

30~40岁是女人事业的上升期。此时的女人，活力中带着成熟，机会一大把，成功水到渠成。但一些女人可能会感觉自己怀才不遇，认为命运不肯眷顾自己，不肯给自己一个好的机遇。其实，不是命运没有给你机遇，而是机遇稍纵即逝，它不会停在那里，等着你去拿，你必须快速、勇敢、敏捷地去抓住它。30~40岁的女人，只有善于抓住机会，才能让自己实现家庭事业双丰收。

不是你能做什么，而是你想做什么

老话说得好，"不是你能做什么，而是你想做什么"。要想获取成功，女人就得敢干、会干、勤干和巧干。唯有如此，你才能在平凡中发现非凡的机遇，进而让自己出类拔萃。影响大多数职场女人成功的因素，第一是不敢想也不敢做，随着年龄的增长，越来越习惯于得过且过；第二是成功的欲望不强，盼望改变又害怕改变；第三是把工作年限的累计等同于经验的增加，而有时候，江湖越老，胆子越小。因此，30~40岁的女人如果想抓住机遇，就一定要"敢"字当先，敢想敢做。

女人要学会认清自己

女人在"敢想"之前一定要先认清自己。女人认清了自己，才有光明的前途，才能打造出属于自己的天空，否则就纯属妄想了。

一个女人要认清自己，并时刻摆正自己的位置，并不是件容易的事。尤其是对本身就具有某些优势的女人来说，如果别人把你的优势不断夸大，那你就可能会轻飘飘地越飘越高。何况女人又是很感性的，一生就是在不断地改造自己、完善自己。女人千方百计地让自己从外到内、从头到脚都成为一道亮丽的风景线，既悦人也悦己。其付出的代价是男人无法理解的。

正因为付出了很多，女人因此更加渴望得到别人对她的肯定。虽然有些白领丽人会不屑地说，我打扮才不是为了给男人看的，我是给自己欣赏的；可是其内心深处，又何尝没有"士为知己者死，女为悦己者容"的渴望呢？当你今天精心的打扮得到了某些细心男人的赞美时，你又怎能不打心底里高兴呢？有时想想，男人要追求一个女人也不难，那就是持之以恒、恰到好处地赞美她。因此，女人在欣然接受男人的高度赞美时，仍要保持清醒的头脑。

女人之所以在感情或事业上遭遇挫折，大多是因为根本没有认清自己，也不知道自己的比较优势是什么，比较劣势又是什么。贸然出击，结果只能和失败约会。这正印证了"知己知彼，百战不殆；不知彼而知己，一胜一负；不知彼，不知己，逢战必殆"的意思。从这句话中我们可以看出，"知己"是作战取胜的必要条件，因为"知己"了，就能够冷静、客观地"知彼"。我们要认清自己，再大胆地去想、去做，这样才能创造出一片真正美好的天地。

没有做不到，只有想不到

只有想不到的，没有做不到的。如果你在某个方面的能力优势已经明显高于其他女人，而你又充满激情四射的活力，对自己的事业信心满满，那么你一定能够成为一个优秀的女人。

40多年前，一个10多岁的穷小子，自小生长在贫民窟里，食不果腹，身体非常之差，他却在日记里写道："长大后要做美国总统。"然而怎样去实现这个看似白日梦的目标呢？年纪轻轻的他，整整思索了一个星期，最终拟订了这样一系列的连锁目标。

先做美国州长，下一步就可以去竞选总统。但只有用雄厚的财力做后盾才能竞选州长，只有加入一个财团才会有大把的财产，只有娶到一位富家千金才能加入财团，只有成为好莱坞明星才能娶到富家千金，要想成名，第一步就得有男人的阳刚之气。

按照这个连锁目标，他开始稳扎稳打地去实现。有一天，当他看到著名的体操运动协会主席库尔后，便萌发了练健美的念头。他开始刻苦而持之以恒地练习健美，渴望成为世界上最结实的壮汉。几年后，凭借一身如雕塑般的体魄，他成了健美先生。

在之后的几年中，他相继获得了欧洲、全球、奥林匹克的"健美先生"称号。22岁时，他踏入了美国好莱坞。在好莱坞，他花费了10年时间，利用在体育方面的成就，一心去表现坚强不屈、百折不挠的硬汉形象。终于，他在演艺界声名鹊起。当他的电影事业如日中天时，女友的家庭在他们相恋9年后，也终于接纳了这位在贫民窟中长大的"黑脸庄稼人"。他的女友就是赫赫有名的肯尼迪总统的侄女。

他与太太生育了4个孩子，恩恩爱爱地度过了十数载，建立了一个典型的"五好"家庭。2003年，57岁的他，宣布退出影坛，转为从政，成功地当选美国加州州长。

他就是我们熟悉的阿诺德·施瓦辛格。

虽然他是男人的表率，但他敢想敢干的精神，也是我们每个女人需要学习的。对于30~40岁的女人来说，一定要心怀梦想，而且要非常明确具体，然后去一步步实现。施瓦辛格的经历让我们记住了这样一句话：不是你能做什么，而是你想要做什么。

敢于做吃螃蟹的第一人

记得文学家鲁迅先生曾称赞："第一次吃螃蟹的人是很可佩服的，不是勇士谁敢去吃它呢？"螃蟹形状可怕、丑陋凶横，第一个吃螃蟹，确实需要勇气。

21世纪是一个飞速发展的时代。在这样的时代里，有许多成功的女人都是由穷变富的，这是为什么呢？其实很简单，她们并没有什么过人之处，只不过因为她们抓住了转瞬即逝的机遇，改变了自己的观念，因此拯救了自己的命运，改变了人生的轨迹。

上天对每个人都是公平的，成功女性只不过是先行了一步。如果成功的机会有一天降临到我们面前，我们也应该果断、坚定、毫不犹豫地抓住它。为找回昨天尘封的梦想，为夺回曾经失去的一切，为改变自己的命运，我们不能等待，不能观望，不能犹豫，更不能安于现状，必须当机立断、立刻行动。现代社会是知识经济时代，一切都在变，日新月异，人们的着装变了，发型变了，曾经的主流变为非主流了。这世界一天一变，如果我们的观念不变，那就会落伍，就会渐渐远离这个时代。女人一定要记住，思路决定出路，观念决定贫富。

胡芸是湖北某大型化工原料公司的总经理。她敢作敢为、雷厉风行，是新兴化工材料行业第一个敢于"吃螃蟹"的人。"当初创业时考察了很多传统的化肥厂、磷肥厂，最后在与朋友的交谈中才知道新兴化肥行业，这个行业现在还是新兴行业。"胡芸告诉副总，当时她就感觉这个行业很有前景，是发展趋势，因为社会对环保越来越重视。

正是在这种理念的支撑下，2000年下半年，她果断决定进入这个行业。胡芸表示："我第一天了解了这个项目后，第二天就敲定做这个行业，随后到广州、深圳等地方进行了近半年的大量考察。"

由于是新兴行业，工商部门最初不予注册。当时在国内生产这种新型化肥还没有先例，新型的化工产品一般不允许个人来做。后来，胡芸查找多种资料和相关政策，了解到北京、杭州等地有些个人已进入这个领域，她将这些详尽的材料呈给相关部门，最终使得这个项目被批准下来。因此，她在行业内被称为"敢吃螃蟹"的女人。创业之后，她也因为有见识、有魄力，为自己和公司赚到了资金，打响了名号。

不要让男人成为你的绊脚石

传统观念认为,女人的最终归宿是家庭,所以女人做家庭妇女是天经地义的事。殊不知时代进步了,女人的观念也应与时俱进。女人根据能力、兴趣与发展的迥异,分为家庭型、事业型、享乐型。现代女人虽然还是特别看重爱情,但爱情不再是她们生活的全部,没有几个女人会心甘情愿地做全职太太,在家相夫教子。相反,30~40岁的女人正值事业的黄金期,一定要摆脱传统观念的束缚,不要在成功近在咫尺的地方,被男人绊倒。

女人需事业爱情相互促进

长久以来,人们都认为一个女人要想找到一生的依靠,就必须嫁给一个好男人。而更多的女人为了爱甘愿放弃自己的一切,当然也包括自己的事业。

其实,作为一个女人,无论你是倔强的、美丽的、温柔的,还是平凡的、淡雅的,都应该有自己的事业。有了自己的事业,才有自我,才有独立的自我价值。

女人因为爱一个男人，愿意放弃自己的事业，甘心做一个全职太太，这本来不足为奇。我们可以看到，无数个这样的全职太太，她们瘦弱的肩膀支撑了家庭的重担，使后方更加稳定。可是，无数个女人也在"全职太太"这样的定位中，逐渐失去了自我，完完全全依靠男人来填补自己生活和内心的空虚。

蒽玛是一个全职太太，自从老公向她跪地求婚的那天起，她就心甘情愿地当起了家里坚实的后盾。要知道在这之前，她可是老板手下的得力干将。放弃如日中天的事业，她也有些不舍，老板更是因为失去了人才而痛心疾首，但这就是她思索良久后的选择。刚开始她还觉得这样的生活很惬意、很轻松。当她刚刚觉得有些乏味时，家里就添了新成员。不用说，她的任务又多了一项。照顾孩子是件麻烦事，蒽玛为此忙得不亦乐乎，常常因为照顾孩子攒了一堆的家务活要做。

在蒽玛成为家庭主妇之前，她曾经暗地里发过誓，就算在家，也要过得很小资。开始两年的确如此，家务之余，蒽玛还有时间照顾一下"脸面"，定时地做做保养，就算出去买菜也要把自己精心打扮一番。可随着时间的推移，她的心态开始转变了。现在为了照顾孩子，她连洗脸都顾不上，往往是从清晨忙到黄昏。直到有一天发现门口水果摊上的小贩用一种似笑非笑的眼神看着自己，她才恍然大悟原来自己那天忙得忘记刷牙、洗脸了。习惯是个很可怕的东西，尤其是当你习惯了这种不修边幅的主妇生活。

老公想请位保姆来帮忙，让蒽玛轻松一些，可她说自己是个家庭主妇，本来就不工作，怎么还能花钱雇别人来做自己该做的事呢？

从结婚到现在已经整整5年，蒽玛早已成为一名不折不扣的家庭主妇，每天都穿着老土的休闲装和大筒裤，很少注意自己的形象。对于越发明显的游泳圈和大象腿她也没时间理会——曾经超爱打扮，自诩为超级无敌美少女的她已经消失不见了。她得到的有限资讯都来自电视、网络，除了买些日常用品，她很少同人打交道。

尽管如此，蕙玛并没有察觉到生活有什么不对劲。直到有一次参加大学同学聚会，她才发现自己虽然每天忙忙碌碌，却是那样的平淡无趣；而那些在外打拼的女同学，她们虽然看上去也是忙忙碌碌，她们的业余生活却出人意料的丰富，她们所讨论的话题都是那么新鲜。由于经常上班的缘故，她们依然保持着苗条的身材，尽管她们之中好多人也已经为人妻母，但是打扮丝毫不逊色，依然那么新潮。

由蕙玛的例子我们可以看出，女人不仅要有爱情，最好也要有事业，这样才能在男人面前挺起腰杆。女人常常太相信爱情，心甘情愿放弃事业，无条件地支持心爱男人的事业——因为她们相信男人一定能明白她们的良苦用心，把她们的付出看成是对家庭的贡献。只可惜，到头来她们还是可能会被无情抛弃，这样的悲剧时常发生。女人，请你清醒点，除了爱情，你还有事业，爱情只是你生活的一部分，而不是全部。

如果你依然相信"男主外、女主内"的生活方式，那么你注定要为这过时的观点付出代价，到头来只会竹篮打水一场空。事业与爱情其实是不矛盾的。如果那个男人也真心爱你，他就会鼓励与支持你打造自己的事业，不会让你为了爱情而放弃事业。如果那个男人叫你放弃事业转而全心全意去经营家庭，那只能说明他爱自己比较多。

男人需要旺夫的妻子,女人更需要旺妻的夫君

女人要懂得把男人由绊脚石变为有利的垫脚石,这样才能使自己生活得更好。

"成者为王败者寇",中国人向来只注重结果,而忽略过程,因此,很多人都喜欢那种类似男人性格的刚毅女子。如历史上的武则天、慈禧太后,现代的政治女强人吴仪,以及当红影视明星章子怡、范冰冰等,她们都创造过奇迹。但这些女人的辉煌成就在众人的眼里亦不过是名人的故事,没有几个人会用心去思索这些女人成功路上的艰辛。

成功的女人能成功,背后都离不开男人的支持——准确地讲,应该是一群男人的支持。成功的获得是一个不断攀升的过程,走上这条道路的女人,心里最爱的永远只有自己。最直观的一个例子就是埃及艳后,她才貌出众、聪颖机智、极具城府,一生富有戏剧性。那个深爱她的安东尼直到生命的最后一刻,才颓然地明白,原来这个女人心如蛇蝎,爱的人永远只有她自己。可是如果不爱自己,她又怎能坐稳艳后之位呢?

女人,请爱惜自己,男人可以爱,但不可为之付出一生。这个世界上最爱我们的人只有自己。每个人都是奋力奔跑的羚羊,如果在路上犹犹豫豫,就会成为猎豹的美餐。成功的女人正是明白了这样一个最根本的道理,才抛开一切情感羁绊,善于利用男人,而这正是其制胜之道。

女人要画好平面"三角形"

众所周知,三角形是最稳定的。自行车的两个轮子,如果没有车架的支撑,就不能安安稳稳地立在地上,这个道理在初中的几何课程中老师就已讲明。30~40岁的女人大多已为人妻母,事业、婆媳、孩子的问题往往是她们最头疼的问题,这正是这个年龄段的女人所面临的"三角形"问题,一旦有某方面没处理好,女人的生活势必会像失去车架的自行车一样,应声倒地。因此,怎样处理工作与婆媳、生育之间的关系,是女人需要理性解决的一个问题。这个"三角形"画好了,你的事业与生活都会更加稳固。

将心比心,爱就一个字

婆媳关系,自古以来都是最让人头疼的一种关系。很少有人能把婆媳关系处理得很好。哪个女人都希望自己能得到婆婆的宠幸,然而婆媳相处有摩擦是不可避免的。婆婆当然少不了要管管闲事,房间要打扫干净啦,衣服领子还有污点啦,做媳妇就是要主内啦,等等。一些和婆婆步调不一致的媳妇自然就来气了："我的事我自己管,你凭什么约束我?"学做好媳妇很重要。作为一个职场白领,不管你是职员还是经理,你既然嫁给了丈夫,就必须接受他的父母。你如果做不到这一点,就会大大阻碍你事业前进的脚步,即使你事业成功了,也不算一个完美的女人。

如果长期处在不和谐的婆媳关系中,想做一个从容自信、叱咤职场的女强人是很难的。处理不好与婆婆之间的关系,那种后院起火的感觉会让人很烦躁,从而直接影响到自己的工作效率。因此,孝敬婆婆吧,做个好儿媳,你会从中享受到难得的快乐和轻松。

如何做好一个合格的儿媳呢?首先要常常假设自己是婆婆的亲生女儿,而不要总想着公婆只是老公的父母,这样相处起来,心里就会平衡许多。

而后要记住婆婆的生日,生日时给她送一份贺礼,这对搞好彼此的关系至关重要。一年一次的生日一定要让婆婆高兴。买些不贵但又实用的东西,拎到家门口亲热地说:"妈,生日快乐。"会做饭的多炒几个菜,不会做的可以打打下手帮帮忙。总之就是要勤快,嘴要甜。

其次,在婆婆面前做一个沉默的听众。老人家总是话多,也总爱啰唆。你就让她尽情说,她讲得眉飞色舞时你要表示赞同,让她觉得你尊重她,是个能交心的儿媳。

再次,礼物的分配要公平,娘家、婆家这两碗水要端平。婆婆往往喜欢计较这些,因此在馈赠物品的分配上要避免"女儿向着娘家,儿子向着婆家",否则容易闹得不愉快。

最后,婆媳间要互相理解、尊重,多沟通。试着把自己心里的想法说出来,多与婆婆交流。有时往往就是一点小事,你不说,我不说,大家憋在心里互相猜疑，小事才会变大事，直到把一个家掰得支离破碎。

婆媳相处当然远远不止这些。但好婆婆总是巧媳妇哄出来的，用自己的心去换来的。对婆婆好，就是对老公好，也就是对自己好。

丁克一族正流行，做它一次也无妨

"丁克"的名称来自英文 Double Income No Kids 四个单词首字母组合——DINK 的谐音，Double Income No Kids 有时也写成 Double Income and No Kid（Kids）。

丁克从字面上解释的意思是：没有孩子，双份收入。那么选择不要孩子的就叫丁克吗？这个问题似乎很难回答，因为不要孩子的原因可能是生理上的，也可能是非生理上的。因此，丁克最合理的定义是：双职业，能生育但选择不生育，并且主观上认为自己是丁克的夫妇或者个体。成为丁克的首要标准是具有生育能力而选择不生育，除了主动不生育，也可能是出于主观或者客观原因而被动选择不生育。其次，主观上对自己丁克身份的接纳和认可——他们认为丁克是一种生活方式，这也是非常重要的因素。而现实生活中，也正是这些认可自己是丁克的群体，能够较好地坚持自己的选择，并经营与享受自己的丁克生活。

曾有人说：婚姻就是爱情的坟墓。在离婚率居高不下的北京，当婚姻生活只剩下柴米油盐酱醋茶的平淡无味，还要为孩子而争吵的时候，曾经的幸福可能只剩下了"杯具"。于是，现如今丁克一族正在悄然流行，并且呈上升趋势。从娱乐圈的女星到电视相亲节目的女嘉宾，越来越多追求事业发展和生活品质的女性开始做起丁克一族。

过去的丁克一族代表了自由,标榜着勇气。而新丁克们则更有想法,他们想在无人打扰的二人世界中享受高品质的生活。

当然,有些丁克族选择不生育也是出于无奈。对于职场女性来说,孩子的出生可能会影响或终止其职场之路。此外,忙碌的工作带给职场女性巨大的压力,这也是年轻女性不愿意生育孩子的一个主要原因。我的一个朋友珺珺,由于能力很强,没工作几年,就已经是武汉某大型国企的一个财务部长了,丈夫是某文化公司的制作总监,经常外出。结婚两年,他们从来没有想过要孩子的问题。加上双方父母都不在身边,他们不知道要了孩子能否照顾得好。珺珺无奈地说:"不是我不喜欢小孩。我平时工作很忙,竞争又激烈,我根本没有精力考虑要小孩。我如果请产假,不但位置可能不保,可能连饭碗都丢了。我是一个很有责任心的女人,如果要孩子了,就要对孩子负责;如果要了又没有能力把他照顾好,那还不如做丁克呢。"

现在的丁克族还是一个很小的群体,但它确确实实地存在着,而且大有扩大之势。职场女人,要想在中年之前成为女强人,也可以考虑把生育的问题暂放一边。待到事业成功,再去做一个优秀的母亲。

天生我材和择木而栖

唐代大诗人李白早就说过："天生我材必有用。"只要有才能，就肯定会有发挥的地方，因此女人要不断学习，不断加强自己各方面的能力。女人具备了才能和优势后，就可以选择一棵"参天大树"去栖身。传说有一种鸟叫凤凰，"非梧桐不栖，非醴泉不饮"，所以说，"良禽择木而栖"也非易事，"梧桐"不是随处可寻求得到的。孔子在有生之年，尚没有可塑的明主出现，这是孔子的憾事。而作为当代的职场女人，要随时保持清醒的头脑，使自己的专长和坚实的平台完美结合，去创造成功的奇迹。

女人需善于发现才能，运用才能

职场中的女人为了让自己的才能充分发挥，往往不遗余力地去表现，希望能爬得更高。可是或许很快你就会发现，这只不过是一厢情愿。即便你找到了工作，领导也不一定给你施展才能的机会。你每天只能重复同样的工作，拿不会有很大增长空间的薪酬。或许你是有高学历的人，却在只有小学文化程度的人手底下打工，你在人才市场上被人挑来挑去，而挑选你的人可能只是文盲。

拿破仑说："不想当将军的士兵不是好士兵。"这句话成了激励人奋斗的名言。这说明人们都渴望当将军，我们上学，刻苦学习，就是为了能早日学成当上"将军"。可是，当我们沿着教育家设置好的路线走到尽头的时候，却发现自己成了一个工具。工具再好，如果没有一个技工会用，它也毫无用处。应该说，高学历的人，有才能，本身就蕴藏着巨大的能量。从小到大，他们一直在积蓄能量，却从没有人教过他们如何运用这股力量。更为可悲的是，他们也从来没有利用这股力量的念头，只是默默等待别人来利用。

而那些低学历或是没有学历的人，仅仅因为懂得了如何利用这股力量，就成了社会精英。从这一点上，女人应该明白，才能和成功本就不是一回事，不能在它们之间画等号。

女人要成功，不仅要有才能，还要学会如何运用才能。别因为你不会运用才能，空守着五斗"才"富，却只能站在原地喊："伯乐难求，没有人来慧眼识英才啊。"其实，只有你才是自己的伯乐，才能做自己生命的主人，别人无法让你成功，只有你才能让自己成功。

女人自身有条件，才有择木的资本

千里马和伯乐的故事虽然会在我们的工作生活中发生，但也是需要前提条件的。没有伯乐的慧眼去识，千里马只能默默做着最平常的驮运工作，想要奋蹄疾驰，恐怕还得受缰绳的约束呢。不过，你如果连一匹千里马也算不上，那么即便是伯乐站在你面前，你也没有能力去展现。

每个女人可能都是千里马，也可能都有成为千里马的潜质。首先要做的就是激活自己的才能，将千里马的本来面貌呈现出来。如果你有潜力，却让潜力一直在体内沉睡，那又如何让伯乐来发现？千里马常有而伯乐不常有，伯乐是没有时间去逐一检验的。

那么，该怎样磨炼自己，把潜力细胞激活呢？很多事情都是说起来容易做起来难。先从环境开始谈起，国营、外资、民营、合资等形形色色的企业，多种多样的管理模式，再加上千百种最具复杂因子的人，便构成了这有着千变万化的职场环境。

假如你现在是个并没有多少经验的人力资源小白领，想要成为叱咤职场的女强者，需要的就是时间。升职之路本来就是充满坎坷、布满荆棘的，为何不把那些坎坷看作一次次的锻炼机会呢？当你能够从容不迫地处理问题时，恭喜你，你可以尝试换个更高层次的工作环境去磨炼自己了。

总之，要想择到枝叶茂密的梧桐树去栖息，首先要磨砺自身，先让自己成为一只出彩的凤凰。要多包容、多工作、少抱怨，锻炼自己的能力。当我们具备选择更好机会的能力时，那才是去择木的良机。

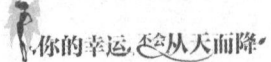

打造成功的女人味，幸运不请自来

当下各行各业不乏高层女主管，她们在以男性为主导的管理阶层中杀出血路，在激烈的竞争中抢到了属于自己的地位。然而对于大多数女性而言，总存在着瓶颈，阻碍着女性职业之路。而突破职业瓶颈，成就女人完美的职业之路，需要能力，更需要机遇。对于女性来说，如果在加强职业能力的同时，还能打造自己完美的女人味，那么便会迎来更多幸运。

由外而内，把自己塑造成成功的女人

作为职场女性，要由外而内地塑造自己的形象，因为任何时候我们看一个人都是由表及里的。外在形象是指女人的外貌和身材；内在形象则比较广泛，包括内涵、气质、知识等多方面。有人说内在较外貌更重要，但其实在初次交往时以貌取人是绝大多数人的识人方式。外貌在很大程度上决定了你给他人的第一印象。一个漂亮的外表往往能使你在与人交往时获得极大的便利，也更容易获得领导和同事的青睐。当然外在和内在是相辅相成的，如果只有一个美丽的外表而缺少内在的魅力,那只会沦为花瓶。

杨澜算是位很成功的女性了,她曾经说:"宋庆龄的古典美亦刚亦柔,混合了强者的风范和智者的味道,含蓄而充满慧黠。我认为年纪长并不会影响个人美态,只要穿得得体便可以衬托出自然典雅的气质。"这就是女人的品位和个性素质,它能让女人更容易获得成功。

那么,如何全方位把自己塑造为成功的女人呢?

一、心理——要对自己有信心

首先做到心中有希望。人最可悲的就是失去希望,如果心中怕做强者,那么这辈子你多半就是弱者。一般说来,成功的女人要经常进行心理调整——自信、宽容、坚强、笃信、幽默、有追求等,是每天必须锻炼学习的功课。

二、个性——要把自己的个性变得完美

必须克服败家消费、畏缩不前、狂妄自大、思想保守、纸上谈兵等性格弱点,做个由内而外散发着文化气息的高贵女人,塑造自己成功的人格。一般说来,活泼型、完美型、坚强型、平和型这几类女人容易成功。

三、EQ——情商高,易成功

平凡的女人在突破低情商的障碍以后,就可能成为高情商的女人。这些低情商障碍包括看心情做事、急于求成、成功靠赌博、脆弱的心理承受能力等。高情商的女人可能并不是人群中最聪明的,但大多都是热忱而顽强的。成功对于女人来说,并不一定需要很高的智商,更需要胜人一筹的情商。

女人把专业做精,把人做好,好机会不请自来

职场女性如果想让机会主动来找自己,就必须要做到三点,即会做人、能做事、人生价值观端正。这是成功的因素,是成为成功女人的前提条件。

首先,会做人。如果每天都有人到办公室来找你,那说明你离机会就不远了。

其次,能做事,即专业要精,能力要强。专业的概念就是由点深入,向面扩展。比如,编辑不仅要会整合文字,使之通顺流畅,还要会排版、修订、审校等。

最后,树立好人生价值观。我的朋友讲了关于她女儿的故事:有一次小姑娘说她一个同学的妈妈穿了一件十几万元的皮草,好贵啊。我朋友就问她女儿如果吴仪奶奶穿一件100元的衣服会怎样呢?她女儿说那衣服可值钱了。这段对话反映了一个朴素的道理,即不是衣服体现人的价值,而是人体现衣服的价值。

近朱者才能赤，好机遇要抓住

而立之年的职场女人想获得成功，就一定要有贵人的相助。所谓"近朱者赤"，"朱"就好比是贵人，贵人等于机遇。已经在职场打拼了很多年的女人，首先要站稳自己的立场，做出正确的价值选择，分清贵人们的外在表现。在遇到贵人时，牢牢把握，才可能迎来事业的大转机。

寻找职场贵人

现代职场丽人，事业之所以能取得成功，其中最重要的因素就是善于结交朋友。结交到好的朋友，不仅可以学得诸多做人做事的道理和方法，而且可以将他们变成自己的职场贵人，借助他们的东风，在职场中乘风破浪。

已过而立之年的职场女性，千万不要忽视贵人的重要作用，以为单纯凭借自己的能力就能达到目的。武则天的野心和能力早就在充当小侍女时有所崭露。但是，皇帝驾崩，皇帝生前最宠爱她，此时她面临的命运只有两种：要么殉葬，要么削发为尼。

武则天凭借当时自身的能力，想要改变这种格局难如登天。但是聪明的武则天想到了一个绝顶聪明的办法，那就是借力。她借助当时的太子，即将成为新皇帝的李治的东风，终于摆脱了古刹沉钟的乏味生活，迎来了自己人生的巨大转机。

在职场上，很多女性也善于从自己的职场贵人那里借力，从而突破困境，扭转败局，开拓了自己的人生格局。

职场中的贵人，是就其所提供的助力而言的，职位高低不是判断其是否为贵人的标准。按照职场贵人的能力特点，可将贵人分为四种类型：思想型、阅历型、业务型和魅力型。

思想型的贵人发挥的一般是精神导师的作用。他们往往读书破万卷，思想有深度，对问题（既包括人类发展史上的思想问题，也包括当今社会的热点问题）有独到的见解。女性如果在工作中或生活中遇到这样的人，而对方又愿意助自己一臂之力，那么一定要抓住这样的贵人不放。因为他们可以让你脱胎换骨，让你在职场获得成功的概率大增。

阅历型的贵人适合担任"军师"的角色。这些人职场阅历丰富，充满职场智慧，与他们相交，能够提升你待人处世的能力。这种人可能没读过很多书，但是工作时间久了，经历过职场的风风雨雨，因此面对难题已能轻松解决，抓住机会的能力也是出类拔萃。职场女性最需要这种阅历型贵人的帮助。因为女性往往过于温和，总是突破不了人情关，容易在工作细节上或人情世故上栽跟头。

这种阅历型贵人藏身在职场的各个角落，他们往往不是公司的高层管理者——也许是每天负责迎来送往的公司前台，也许是每天眼观六路、耳听八方的办公室老大姐，也许是闷头坐在位子上计算公式的老大哥，也许是在后勤部门任职的一位司机。如果你能够尽快结交一位阅历型贵人，在他们的善意提醒下，你将会少栽很多跟头。

业务型贵人则往往为你带来具体的言传身教，他们可以简单地用"师傅"两个字来概括。当你加入一个公司时，请你虚心向资深员工请教，千万不要摆出"我什么都懂"的架势，给对方留下不好的印象。在来这个岗位之前，也许你做过不少功课，看了很多书，上网找了很多案例，可是不管怎样，这些间接经验都没有这个岗位上的人的直接经验来得重要。所以，你要尽量和老师傅搞好关系，除了正常的工作交接以外，不妨多向他们请教，这样你会获得很多非常宝贵的经验。

俗话说，"师傅领进门，修行在个人"。由此可见，师傅发挥的是奠基者的作用，没有他，初学者就很难登堂入室。当然，有的老员工非常小气，奉行"教会徒弟，饿死师傅"的古训，绝不将自己的心得与人分享。这样的人不可能成为他人的贵人，你大可不必强求。

魅力型的贵人，传达给你的就是领导力。很多人之所以在职场碌碌无为，只能成为老兵，不能成为将，更不可能成为帅，不是因为他作战的能力差，而是因为他不具备领导力，所以无法脱颖而出。魅力型贵人就是以人格力量吸引别人的人，他可以是领导，也可以是普通同事。

很多时候你可能都有这样的感受：有些人总是能让一大帮人围绕在自己身边，他说话总是有很强的说服力，让人觉得既亲切又值得信赖。职场中也不乏这样的人，这就是魅力型的贵人。

和魅力型的贵人做朋友，同样也合乎"近朱者赤"的道理。一个人能受别人欢迎，总有他的道理。你经常和这样的人在一起，慢慢就会体会到这个人的魅力所在，耳濡目染，慢慢也就完善了自己，让自己也魅力四射起来。

三十而立的职场女性，基本的职业技能已经大致掌握，这个时候想要谋划职场的发展空间，就要广泛借力。上述四种职场贵人，都是你应该竭力抓住的。多跟他们接触并借力，当机遇降临的时候，你就能更好地把握。

取"贵"精华，去"贵"糟粕，才能抓住机会

正所谓"尺有所短，寸有所长"，人无完人，贵人也是一样，在长处他是贵人，在短处他就有可能是反面教材，是我们的前车之鉴。

贵人，虽然是朱色，但也不会是纯朱色。但凡是人，都有自己的短处和不足，这就要求我们在借力贵人时要做到"取其精华，去其糟粕"。这样才能让自己的朱色更深沉，让自己更容易抓住机会。

一些女人往往感觉自己怀才不遇，认为命运不肯眷顾自己，不让自己遇到贵人，不肯给自己一个好的机遇。其实，不是命运没有给你认识贵人的机会，而是你没有及时抓住。你之所以会错过贵人，是因为你被贵人的"糟粕"眯了眼。

在生活中，对面不识贵人的例子比比皆是。毛遂被孟尝君忽略，鸡鸣狗盗之徒被平原君忽略，孟尝君和平原君就是因为只看到了这些人的"糟粕"，没看到他们的"精华"，才患上了近视眼，没有发现自己身边的贵人。

生活和工作中到处充满着机遇，这些机遇往往是由贵人激发出来的，这就要求我们首先把贵人找出来，再向其正确借力。可是很多人或是不识贵人，或是虽然找到了自己职场中的贵人，却因为不会巧妙借力，借了贵人的"糟粕"而不是"精华",结果以惨败收场。

张嫒读完电影学硕士,在一家影视公司上班。公司的副总李达山是她父亲的一位朋友,对张嫒非常关照。按理说,张嫒有了这棵"大树",应该是蛮令人羡慕的。

如果说,只是上班打发时间,张嫒完全可以利用李总的关系,在这家影视公司混个一官半职。但是,张嫒之所以进入影视公司上班,并不单纯是为了上班谋生,更多是为了实现自己的理想。

她发现李总虽然可以成为她的贵人,为她提供工作和升职加薪的便利,但是李总也有好拉帮结派、热衷于办公室政治的缺点。好几次,就是因为李总的这些缺点,公司没能接拍到一些影视剧。当其他公司拿到剧本并推出影视剧后,相关影视剧都取得了不错的票房和收视率。

如果签下这些剧本公司,那么通过李总的周旋,张嫒很可能成为项目负责人,那种实战经验才是张嫒特别看重的。

同时,张嫒也意识到,李总的长处在发行上,即使他对内容不太在行,但是他能将一般影视剧的销售业绩提升到一定的档位。做影视和做图书一样,重心越来越从内容转到发行上。谁掌握了发行,谁就有话语权。也许正因为如此,他才敢否决几个剧本。尽管这几个剧本被别的公司签下后取得了不错的业绩,可仍然没有影响到李总在公司的地位。

在这个行业中,将一流的剧本做出一流的销售业绩,这是二流的人也能完成的任务;而将二流、三流的剧本做出一流的销售业绩,才是一流的人才能完成的任务。

这样一来,张嫒便明白了自己的取经之路,开始向其他老总学习判断一个剧本好坏的标准，同时向李总学习发行。一年下来，张嫒的业务能力突飞猛进。不仅如此，她还亲自向公司提出了一个电视剧选题，大纲获得了通过（这里面李总的首肯很关键）。项目上马后，张嫒一人身兼两职，既是剧本写作的统筹，也是即将开始的营销负责人。在营销这件事上，李总给予了张嫒很多指导。

半年后，张嫒跟进的作品终于杀青，投放市场后取得了当季的收视率冠军。有了这次成功的经验，张嫒对自己的职场规划有了更大的野心。

当然，在这次成功中，支持张嫒的李总功不可没，而张嫒也确实抓住了这样的天赐良机。

抓住黄金时间段，给自己塑金身

现代社会变化周期短，竞争随之加剧，特别是处在网络信息时代，曾经在学校里、工作中所学到的知识，被变化的市场淘汰掉的速度越来越快。因此，很多迈入而立之年的女人都感受到莫名的焦躁和压力。这些压力有时来自跟别人的比较，有时则来自对未来的不安。女人们担心自己被社会淘汰，担心自己努力拼搏得来的位置会被对手抢走，担心被别人看出自己在新知识上的无知，担心有一天无法适应新的工作项目。这不但促使女人必须不断接受新的观念，同时也逐渐形成一个普遍的趋势：时时充电。30~40岁的女人，必须紧抓黄金的时间段，为自己塑上黄金的外衣，这样才能功成身退。

30岁后女人要活得更精彩，做个职场"老古董"

职业这东西，随着年龄的增长，分为保值、升值和贬值三种。有些职业天生就是越来越值钱，比如医生、营养师、会计等，他们的名声和信誉哪一个不需要长期积累？他们脸上的皱纹简直就是经验和阅历的保证。而有些职业则纯粹属于过时不候的"青春饭",比如演员、歌手、模特,除非你能在年轻时挣够自己一辈子的花销,不然还是早做打算、另起炉灶吧。

只有经济独立,才能树立起大女人形象。第一职业是稳定的绩优股,第二职业是潜力股。固定的工资加外快,这样你才会过得非常充实,同时收入也颇丰。

女人努力打造职场不败金身

女人年过三十,面对新人的突出表现,总是容易产生危机感,这是很正常的反应。其实,新血液的注入绝对是一件好事,不但可以更新现有的观念,同时还能促使组织中的老职员加油学习、紧跟时代,从而始终保持组织活力。而女人要让自己在这激烈的职场中站稳脚跟,就必须打造自己的不败金身。

美国职业专家指出:职业半衰期越来越短,所以高薪者若不学习,不过5年就会跌入低薪阶层。

人才处于不断折旧的过程中,而学习则是防止人才折旧的最好方法。今天的你还是驰骋职场的女强人,可能明天的你步伐就跟不上瞬息万变的时代了。"学习学习再学习",并不只是学生时代的座右铭,电子时代知识更新的速度决不亚于高速公路上汽车的行驶速度。姜是老的辣,但如果"老姜"不学习,不及时补充知识,也会面临被"嫩姜"淘汰的危险。

与其终日担心自己被淘汰,不如为自己制订一个明确的行动学习表,在生活中执行务实的计划。当一个女人开始采取行动的时候,自然会产生"我可以跟这种压力共处"的和谐感。很多时候我们会发现,压力是让一个人追求进步与自我更新的良性刺激。时代在改变,社会在进步,个人处于这股革新的浪潮中，必须不断调整自己的心态与脚步。只有坚持终身学习的信念与行动，才能在工作中不断获得与时俱进的成就感。女人在黄金期内，一定会面临很多压力，但千万不要让自己焦虑过久，因为焦虑会淹没你的能力。克服焦虑的心理，坚持在职场中拼搏，成功还是属于你。

一、给自己的能力一个准确定位

当今国内的经济体制造就了很多年轻有为的女强者。机遇源源不断，而能力、经验足以把握这些机遇的新生代女强人却不多。这就要求女人为自己的能力定位，用充足的时间去充电。磨刀不误砍柴工，有时看似退，实则进。

二、你不放弃职业，职业同样不放弃你

很多女人进入30岁后就感觉力不从心，在困难面前有种想退缩的心理。这似乎是职场丽人的一道坎，迈过去就是胜利，被绊倒了就此倒下。因此，女人在进入30岁后，要根据自身的情况制订切实可行的学习计划。只要有了明确的目标，奋斗之路就会变得既轻松又愉快。而只有这样，才能使自己在职场中处于不败之地。

三、学会调压解忧

在这个容易焦虑的年龄段，女人要多与此年龄段的职场朋友交流，放松心情，相互补足。敞开心扉，才是最好的调压药。

四、保持敏锐的眼光

有时候女性特有的敏感比能力更重要。在职场这个千变万化的环境中，时而风平浪静，时而波涛汹涌，女人应该时刻洞察竞争对手的动向，带着谦虚向别人学习，携着自信去超越自己。

五、对自己的信心永远都不能少

自信是你进步的前提,纵使困难重重,也不要轻言放弃。

六、不要低估自己的能力

有句话说得好,"过度的谦虚就是骄傲"。不要高看自己,更不能低估自己。准确定位,你的职场之路才会走得更顺畅。

七、预备"新天地"

如果在一个行业确实没有发展潜力与空间了,可以考虑找一块"新天地"。要提醒你的是,你的能力必须能在新行业中得到延续,而不能去一个自己没有竞争力的领域。

35岁,女强人年轻与衰老的分水岭

35岁的职场白领丽人,职场之路变窄了,自己的精力貌似也没有以前那么充沛了。职场的压力,世态的炎凉,此刻被体现得淋漓尽致。年龄和皱纹一起增加,渐渐"上了年纪"的女白领们开始遭遇困惑:从什么时候开始身边年轻的同事越来越多了?万一哪天被老板炒了,我这个年龄还能找到工作吗?"最怕被炒"成了35岁"大龄"女白领的普遍心态。的确,这就是现实,一边是企业在无情地摇手,一边可能是上幼儿园的孩子和上了年纪的父母。

我们平常看到的招聘信息,几乎都有对年龄的限制要求,35就像是一条分水岭。看着不断涌入职场的新人,压力和焦虑让诸多35岁左右的职业人产生了"年龄恐慌症",尤其是女性。那些处于中层职位的女白领,非常强烈地感受到后生们的竞争和威胁,而上有老、下有小的现状,更让她们感到心有余而力不足,由此才有"35岁现象"这个说法。

孙小姐今年30岁出头,她就职于一知名合资企业,任职人资经理。努力加毅力，才换来了今天的职位，她深知其中的艰辛。但是，担任这个职位已有三年了，按惯例，她也该到再次升职的时候了，可据她观察，公司上层似乎并无这样的想法和安排。眼看着自己年龄如芝麻开花节节高，而事业发展的脚步却越来越缓慢。孙小姐一直以来都认为自己是个并不特别聪明但很能干的女人。她平和、开朗、沉稳，因为了解自己的性格特点，因此当初她选择了人资部门。她知道自己有足够的耐性和能力来做好这份工作，每天规律的朝九晚五，工作天天在一堆琐事中进行。日子就这么重复地过着，她也习惯了这样的生活和工作节奏。或许正因为她那一根筋的思维方式，她还蛮享受这种规律而平稳的生活。上司也被她吃苦耐劳的工作作风所打动，把她扶上了人资经理的职位。领导的肯定给了孙小姐自信，她开始为未来的事业发展进行筹划。但是，尽管已是部门经理，可她还是做着琐碎的工作，而新来的员工在主管的扶持下，势头越来越旺，大有赶超她这个经理的趋势。新人的年轻、聪明、激情，这些都是孙小姐没有的。都说女人30岁之后，事业发展就开始进入衰退期。曾经的发展计划才刚开始，孙小姐就已经濒临衰退的边缘。有了这样的想法，她的工作效率下滑得厉害。领导侧面提醒，工作不仅要讲质量，更要看重效率，良好的业绩并不是完全靠苦干就能获得的。领导的这一席话把孙小姐仅存的信心打入了冰窖。

其实任何一个年龄段，都有优势和劣势，就看女人们如何扬弃。过了35岁的女人，少了冲动，但多了理智。一个大学刚毕业的年轻人无论如何都做不到这一点。与其说35岁是女人的关卡，倒不如说35岁是女人的一块里程碑，一块标志着女人心智成熟的里程碑。女人35岁之前取得的成绩，就是这块里程碑的高度。

Chapter 5
40~50岁　财富，女人幸福的底气

　　社会的进化不是偶然，而是一种必然。男人喜欢年轻的女人同样也是一种必然。对于男人来说，40岁才是他们人生的巅峰时期，是他们最有吸引力的时候。而这个年龄段的女性却和男性恰恰相反。所以，40~50岁的女人一定要知道如何才能保证自己不会贬值。

房产是王道，有房才保险

女人天生脆弱，她们需要男人厚实的肩膀依靠，她们需要男人给她们带来安全感。可是随着年龄的增长、容颜的衰老，她们觉得这种安全感在逐渐流失。于是她们把这种安全感转移到了房产上面，因为只有房产才不会贬值，才可以给她们带来遮风避雨的港湾，让她们感到安全。作为女性，你应该为自己的将来增加一些这样的安全感。

房子是最好的资产

英国著名女作家伍尔夫曾经说过这样一句话："女人的独立是从拥有自己的房间开始的。"或许女人有了自己的房子后，就不会再那么苛求男人的保护了。女人在经济上和心理上得到了独立，这是对男人的威胁，也是女人拥有自己的开始。

对于女性来说，投资房子不光是为了自身的独立，不光是为了给后代留点资产，更不是仅仅出于一时冲动的消费心理；对她们来说，最重要的就是房子能给她们带来安全感。她们有了自己的房子后，才能完整地享受与男性平等的待遇，才能从真正意义上了解自尊的含义。女人有了自己的房子，就不再因担心哪一天他突然离开而忧心忡忡，不再为自己如何在家庭争得一席之地而费尽心思，不再因为与他吵架以后无处可去而郁闷。因为房子就是女人最安全的港湾，它使女人的婚姻变得有声有色，增加了女人直面生活的信心和勇气。

女性开始要求有自己的房子，其实并不是什么坏事，它表明女人的思想在进步。而且最重要的是，女人有了属于自己的房子，也就有了属于自己的空间，感情才有安放之地，心灵才有避难之地，才能安适平静地生活。

在北京有这样一位王女士，由于身体经常不适，所以她提前离开了自己的工作岗位。当时她已经和丈夫离婚了，没有经济来源，没有可以依靠的肩膀。但庆幸的是，当年她和丈夫有不少积蓄，添置了三套房子，离婚后，她因为没有工作而分到了其中的两套。

王女士将这两套房子租了出去，自己和母亲住在一起。她感叹道，还好当初买了三套房子，现在做包租婆，一个月能有五六千的收入，自己的生活一点问题也没有。如果当初没添置房产，现在物价这么高，一点积蓄根本不够生活费。

因此，还拥有青春年华的女性，你要知道自己的位置，应该开始规划自己的港湾了。而40岁以后的女人更应如此，为了不在男人眼中贬值，为了自身不受到伤害，请给自己建立一个安全的港湾。给自己买一套房子，不但可以给自己足够的安全感，而且还是一种比较好的投资理财方法。经济在发展，变化在加速，可靠的廉价依靠变得越来越少。在这个不能再完全依靠他人的时代，房子便成为女人们可以依靠的一部分。所以，有经济余力的女人给自己购置一些房产，是非常有必要的。

女性观念的转变，自己有房才给力

在如今的社会中，男女早已平等，有时女性比男性更占优势，甚至角色都转换了。但还是有一部分女人受旧观念的影响，认为"女子无房便是德"，老觉得如果自己有了房子，便会失去很多被爱的机会，只有没有房子的女人，才能得到男人更多的爱。这种思想可以称得上是愚昧。

有一位社会学家曾断言，每一位女性都拥有自己的房子是早晚的事，而且还会成为一种趋势。其中最主要的原因，应当归于人类的一种心理——"合久必分"。当这种"分"的欲望在人们心中滋生的时候，他们就会把这种欲望转移到房子上去。女人们会想有自己的房子，然后在属于自己的空间中，享受自由带来的幸福。换句话讲就是，女性感情上已经开始独立，经济上也不再只希望依靠男人。这确实是现代生活极具代表性的体现。

在过去那个物质极其贫乏的年代，人们居住的房子非常小，只能放下一张床，而且房门还正对着厕所，洗手间和厨房共处一室。设计师们批评说，这是一种不合理的结构；社会学家批判道，这是没有人性的房子；思想家们独辟蹊径地叹道，这种房子导致了诗和哲学的贫乏。所以，拥有一间自己的房子是女性精神自由的前提。女性没有自己的领地，就没有独立发展的空间。经济独立可以使女人不再依赖任何人。有一间自己的房子，女人就可以平静而客观地思考。

在父权制的历史时段，不管是房屋、牲畜，还是家中的任何一个成员，都被看成是成年男性的财产,女性只是男性的一笔财产而已。女人就是一个工具,也是一个劳动力,不可以有任何独立的思想和主见,更别说是属于自己的财产了。即使是现在,虽然这些思想已经不复存在,但是在乡村,很多男青年还是认为娶新娘的先决条件就是自己要有一套房子,而女孩只要肯嫁就行了。相比之下,城里的青年就有了更多的选择,他们认为可以先结婚,然后夫妻俩同心协力买房。更让人吃惊的是,现在的女性已不再想夫妻共同买房,而是希望有属于自己的房子。

这一切都必须归功于女性观念的改变以及社会的进步。她们买房,已不光是为了安全感,还冲着不受婚姻羁绊的目标,因为有自己的房子可以生活得更自信、更自由。但是如果没有房子,那么就只能选择结婚,其他的什么都别想。

对于女性来说,过了40岁,安全感就必然与外在的物质条件相关。有几套属于自己的房子,绝对比仅仅有钱靠得住,也比男人可靠得多。

事事亲为,不如适当放权

40~50岁是女人的关键期,女人需要对自己好一点。这个年龄段的女人要懂得如何去安排自己的时间,不要什么都亲力亲为;否则不但会使自己的身心极度疲劳,而且效率奇低。现代社会中,很多女人都比较好强,在事业上追求成功。但因为有家庭要照顾,这样一来她们往往疲劳不堪,看上去要老不少。其实女人本可以不这样疲惫——在家庭中,应该学会把家务分摊到每一位家庭成员身上;在工作中,要学会权力下放,工作下放,让自己活得轻松一点。

女人不必事事亲为,应当适当分摊家事

在中国社会中,由于受老祖宗的影响,很多男人都觉得做家务是女人的本分。他们在外面上班,回家后看都不看那些家务活,还冠冕堂皇地声称这是"放权"。

其实,既然家庭建立起来了,那么所有的事就应该男女双方共同负担。

很多女人把自己的男人当作活菩萨一样放在家里供着，一辈子也不让他们做家务，使他们觉得女人做的一切都是应该的。而且女人还要给他们生孩子传宗接代，照顾老人，老了还要照顾孙子。女人有没有想过，凭什么这些家事都要妻子来做，难道男人就应该在家中享福吗？

很多男人被妻子惯坏后，觉得女人做这些都是天经地义的，自己问心无愧。他们仅仅把妻子当成一个不用发工资的长期保姆，当成传宗接代的工具，当成照看房子的保安。所以，女性一定要警惕，千万不能成为男人的工具，要让他把爱付之于行动，与自己共同承担家庭责任。

亲力亲为找罪受，不如活得轻松自在

在职场上，作为领导者，最忌讳的就是事事亲力亲为。这样的领导者要么是想到处炫耀自己的能力，要么是不相信自己下属的才能或品行，认为下属做事肯定会出现差错。领导者事事亲力亲为，不但不能提高工作的效率，反而会把自己拖垮。这样的事常常会发生在女性领导者身上。

有这样一位经理，她觉得自己的手下都不是可靠之人，要么处事毛躁，要么才能不够，要么心眼太多，没有一个能让她放心。于是她把所有的事情都自己扛了，每天忙得晕头转向，看似干得非常辛苦，可是团队的业绩却一直都没有什么起色。这使得她的压力越来越大，以致她不得不向心理医生寻求帮助。在经过一次谈话之后，心理医生将她带到了一个公墓，指着那些墓碑说：" 躺在这片土地之下的人，在他们生前，都觉得很多事情离开了自己就没办法进行了，但是在他们死后，这个世界并没有因为他们的逝去而变得糟糕，反而变得比以前更好了。"

经理终于明白了这个浅显的道理。自此以后，她便将工作分摊给自己的下属去干，自己只干自己的事情。她变得轻松多了，甚至可以到处转转、放松心情了。一年后，她发现团队不但没有走下坡路，业绩反而比以前有很大的提高。

其实，整天忙于小事的领导者是不可能做出任何成绩的。成功的领导者都有一个共同的特性，他们只考虑那些重大的问题，绝不将时间浪费在琐碎的事情上，他们把这些事都交给手下去做。

杰克·韦尔奇在任美国通用电气公司 CEO 时，经常把一些重要的事情交托给别人去做，因为他相信"每个人都有无限潜力可挖"，而他要做的就是寻找合适的经理人员来分担某些工作。当时他这样说："我主要的工作就是发掘一些很棒的想法，扩张它们，并迅速将它们扩展到企业的每个角落。我坚信自己的工作是施肥者。"

对于那些亲力亲为的人，韦尔奇说："如果有人告诉我说他一周工作90个小时，那么我肯定会觉得他是个傻瓜。我周末要去滑雪，每个星期要与朋友聚一次会，为什么我会有这么多的时间呢？因为我发现在你工作的90个小时内所干的20件事，有些事是无用的，或者说是你的手下就能干的。"

杰克·韦尔奇没有像有些领导那样不停歇地工作，但是他最终将通用电器公司做成全球500强之首。可见，一位领导如果想要成功，就应该学会放权，学会安排工作，而非什么工作都亲力亲为。

在这个信息快速更新的时代，作为领导者，应该充分利用好自己身边的每一种资源，把大家的智慧集结起来，这样才能使公司茁壮成长。是时候放弃事事亲为的习惯了，培养自己手下的骨干分子，成为放手型管理者，强调每一个员工都能自我领导，这样才能发挥出最大的团队精神。对于40岁后的成功女人来说，适当放权，让团队流畅运转，无疑比事事亲力亲为更有效，也更轻松。

合理授权才能激励下属

有人曾描述过这样一个场景：一位女性领导，放下一大堆非常紧迫的工作，在与收废纸的大妈讨价还价——仅仅为了多卖几毛钱。这虽然有点讽刺的意味，但也提醒了所有的女性领导者，抓芝麻丢西瓜是不可取的。你需要清晰地知道西瓜和芝麻哪个重要，并充分发挥领导的优势，把工作安排下去，而不是什么都自己干。这样还可以调动下属的积极性和创造性，避免下属形成依赖性和懒惰性。

在现实生活中，每个人都拥有自己的才能，有人擅长管理，有人擅长执行。每个人只有做自己擅长的事情，才能将自己的潜能最大限度地发挥出来。对于一个企业来说，只有每个人都站在最合适的岗位上，才有益于企业整体效率的提高。一个管理者的作用就在于让员工感受到被重视和被信任，而不是替他们做事。因此，一个超过40岁的成功女领导，最主要的工作就是充分授权给下属。

那么，该怎样授权给下属，又如何激励下属的积极性呢？

首先，要懂得苹果均分。对于一个女领导来说，责任就如同一个苹果，她要做的就是将其均匀地切开。这看上去并不困难，却蕴含着极大的学问。每一次授权都需要授权者对自己的责任和目标了然于心，这样才能让被授权者明确自己接受的任务的范围。因此，一个女领导，一定要事先明确责任。

只有这样,下属最后完成的结果才尽可能地接近你的预期目标。

其次,要懂得交接"旗帜"和进行适当的督察。当女领导将"旗帜"交给下属之后,作为授权人来说,不仅要将自己的预期目标明确传达给下属;更重要的是,要与下属做好沟通,并且赋予他们应该有的权利。只有这样,他们才能放开手脚去做。但是不要将所有的希望都寄托在某一个人身上,必要的监督是避免不了的,目的在于避免结果与自己的预期有所偏差。

最后,需要一次完美的总结。当下属成功地完成任务后,授权的最后一个环节便出现了,这就是授权的终止。对于一个女领导来说,无论结果是好是坏,都必须对下属工作进行合理的评估与总结。只有这样,下属在下一次接受任务时,才能够做得更好。

好好利用自己的"本钱"

一个女人一旦过了40岁,即使保养得很好,也难免在心理和生理上产生力不从心之感。这时候女人如果还寄希望于男人,想从男人身上寻求安全感,似乎有点不理智。那么,这时候谁能给女人安全感?答案很简单,只有财富。对于一个40岁的女人来说,财富比男人靠谱得多。如果一个女人到了容颜憔悴的年纪还没有钱,那未免有些凄惨。

20岁女人要有爱,40岁女人要有钱

财务自由才能心灵自由。

香港影星关之琳年轻时,在情场上几乎算得上所向披靡。她在20岁的时候找了一个老男人嫁了,然而没过多久,就闪电离婚。接下来,她频频成为富豪的第三者。她在息影之后,全心全意投入炒楼事业。据香港媒体称,极具投资眼光的她在1999年以5000万港币购得铜锣湾附近的店铺。9年后,也就是2008年,她一转手就卖了近2亿港币,获利颇丰。关之琳做影星的时候，几乎都是被观众当作花瓶的，认为她除了漂亮的脸蛋和高雅的气质外，几乎没有其他优点了。但是，从炒房和高超的交际能力来看，关之琳绝非花瓶，而是一个不容小觑的聪慧女人。有人说关之琳演技确实逊于其他演员一筹，但这或许是因为关之琳并没有把全部心思放在演技上——争宠上位带来的利益远远大于当一个演技高超的女演员。不错，20岁的女人要有爱，30岁的女人要有家庭，40岁的女人则必须有钱。而关之琳就是一个很好的榜样，她在每个年龄段均收获颇丰。

与关之琳殊途同归的是另外一个女演员——李嘉欣。在经过漫长而纠结的感情路之后，李嘉欣终于嫁入了豪门。她们的不同点在于，李嘉欣投资男人，而关之琳投资房产。但无论是投资男人还是投资房产，从本质上来说，都是聪明女人为自己40岁之后幸福生活积攒财富的过程。

给自己置办一些压箱底的物件

对于20岁的女人来说，她们的注意力也许还放在憧憬属于自己的甜蜜小窝上；对于30岁的女人来说，注意力或许正放在经营自己蒸蒸日上的事业上；但对于40岁的女人来说，必须为自己准备一些压箱底的物件了。如果经济允许，请务必给自己添置一些保值、增值的物件，比如黄金、房产等。这样做完全是防患于未然，一旦事业不济或者婚姻出现问题，就不至于手忙脚乱，落到生活没了保障的地步。

购置压箱底儿的物件，就好比是投资未来。它们可以让你感到踏实，因为这些不会说话的东西，比某些会说话的人更实在、更值得依赖。所以，不论是聪明的女人还是不够聪明的女人，为自己积攒一些压箱底儿的物件，绝对没有坏处。记住，这些物件最好是黄金或者房产。它们将成为你最忠诚的伙伴，在你幸福生活时锦上添花，在你遭遇不幸的时候雪中送炭。

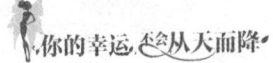

理财比赚钱更重要

理财投资绝对不是有钱人的专利，投资理财和过日子完全是一码事，我们应该正确看待理财投资。女人在20~30岁应该努力赚钱，而到40岁之后就应该把更多的精力投入理财方面。人过中年，赚钱已经显得不那么重要，更重要的在于如何管钱。

精明的女人会理财

"理财"绝不是一个简单的概念，会赚钱的人并不见得会理财。理财是一个全面的概念，从生活琐事如柴米油盐醋，到婚丧嫁娶，再到重大投资和家庭的安全保障，都是理财的重要内容。理财的目的在于将有限的钱财发挥出最大的效用。男人可能在赚钱方面更有优势，而女人则是天生的理财高手。

女人之所以能成为天生的理财高手，是因为女人有着细腻的心思，能够更细致、更全面地掌握理财的方方面面。从家人的饮食，到给亲戚朋友买礼物，从预留孩子的教育经费，到为家人安排文化活动，都是女人的拿手绝活。

另外,女人在生活中的张力和韧劲,也是促使她们成为理财高手的重要因素。在日常生活中,一些大的家庭经济项目支出,如买大型家用电器,男人或许能够自信地做出决定;但是一旦这个家庭面临困境,男人的表现一般是崩溃、抱怨或者逃避。这时候必须要有一位智慧、勇敢的女人来拯救这个家庭,使它顺利走出困境。女人在经济拮据时往往能够发挥精打细算的优秀能力,给家庭带来希望与转机。

现如今,女性理财已经成为一种潮流和趋势,是女性智慧的集中体现。当然,这也体现了女性享受金钱的态度。

如果是战争年代,女人的优势则会略显薄弱;但是在这个现代化社会,女人生理上的先天弱势已经越来越显得微不足道。相反,女性天生的细腻、敏感、执着和坚韧,则帮助她们在更多领域取得令人瞩目的成就。理财就是精明女人能够充分发挥自身优势的领域之一。

学会理财,活出风采

客观地讲,女人在消费方面确实超过男人,这是天性使然。而且从某种角度来说,一个不会花钱的女人,也是不够可爱的。但是,一个过度消费的女人,也是让男人吃不消的。因此,女性绝不能成为一个只会消费的机器,而是必须要拥有理财的能力。理财的起点就是攒钱。有这样一句话:"收入是河流,财富是水库,花出去的钱就是流出去的水,只有留在水库里的才是你的财。"但对于如何攒钱,许多女性则是一头雾水。攒钱并不是不花钱,而是要养成量入为出的习惯。懂得攒钱之后,就要进一步学会投资,让钱生钱,这才是理财的重点,或者说是理财的终极目标。有理财需要的女性,不妨将家里的钱分成三份：

第一份，应急的钱。一定要预留出半年到一年的生活费，这部分钱需要以活期储蓄的形式存放。当然，买点货币基金也未尝不可。

第二份，保命的钱。留出3~5年的生活费。这些钱可以以定期储蓄的形式存放，或者购买部分国债。

第三份，闲钱，即5~10年不用的钱。这部分钱可以用来购买股票、基金或者房地产，以期获得高收益。当然买保险也是需要的，买保险是为了实现财务安全。最好是买保障型的保险，如人生意外险、住院保险和定期寿险等。这样一旦发生意外，保险公司会为你提供补偿性的财务支持。

只要合理利用这三份钱，就可以做到合理理财。只有掌握了"金钱游戏"的基本规则，你才能学会以钱生钱；积极追求财富的增长，你才能真正达到经济独立的境界，将自己的命运和未来紧紧抓牢！

女人理财的大误区

一个女人到了40多岁，一般会进入上有老、下有小的两难阶段。这个阶段的女性都比较忙碌，并且往往承受着巨大的经济压力和精神压力。她们理财的目的也相对单纯，主要用于子女教育和赡养父母。

那么，对于一个40岁以后的女性而言，通过怎样的方式理财，才更加合理和有效呢？不妨从健康医疗、子女教育、退休养老这三方面为自己做理财规划吧。此年龄阶段的女性，可以参加银行的教育储蓄，也可以继续购买医疗保险。但是假如打算参加炒股、买卖期货、买卖外汇等风险性投资的话，要切记，资金不宜超过家庭收入的1/3；购买保险的总保费支出应约占家庭收入的1/10,保险额度应该是家庭年收入的7~10倍。否则一旦出现状况,容易被搞得措手不及。

但是,对于40多岁的女性来讲,在理财方面通常存有几大通病:

一、把钱存入银行

许多人认为把钱存入银行最为保险。然而目前物价飞涨,虽然央行也一再加息,但是对于上涨的物价而言,利息收入只是杯水车薪。把钱存入银行看似是最保险的,殊不知最不安全。举例说明,如果储蓄利率是3%,而通胀率是6个百分点,那么你的购买力每年都会损失3个百分点。这表示100元钱一年后就少了3元钱。这还仅仅是个保守的估算。现如今,保守的理财观念已经跟不上时代了,如果还按照传统的理财方式来理财,往往得不偿失。

二、我不是理财的那块料

理财或许令你头疼,需要耗费一些时间和精力,但是这是初步阶段,当你度过了这个阶段,理财就变得容易多了。请注意,理财绝不只是会计和理财师的专长,对于任何一个女人来讲,只要你能将自己有限的财产实现财滚财,就算理财成功了。只要跨过了令人头疼的初步阶段,你的理财思路就会变得越来越清晰,理起财来也会变得游刃有余。

三、安于现状

安于现状只会让我们原地踏步。要明白,并不是每一个成功的女强人都是天生的,她们是通过努力,通过实际行动,从一个普通的女人跨入女强人的行列的。换句话说,或许她们仅仅是比你更加懂得理财的重要性而已。只要你合理利用家庭中富余的资金,用足够的耐心将这些钱进行理财投资,你就会发现有很多种方法能使你的财产翻倍。这时候,你就成为当之无愧的女强人了。

守财需有道

守财是好事情,也是理财的重要方面,但是如果只是盲目而死板地守财,只会成为一个可怜的守财奴。

有3个大学同学,毕业后再也没见过面,到了知天命的年纪才重新相聚。她们看上去衣着光鲜,都有着体面的工作和不菲的收入:老雨现在是某机关的中层干部,老芸是一家外贸公司的主管,老青则是某著名报社的总编。但是,她们每天都生活在焦虑当中。

老雨已经50岁了,原来居住在一套不足70平方米的房子里,当孩子大学快毕业的时候,住房压力几乎使她崩溃。因为孩子念书的时候找了一个女朋友,现在合计着结婚,但是不买房如何能结婚?而对于刚毕业的孩子来说,他们又如何能买房?由于着急,老雨没有看准时机,在房价的最高点买了房子。他们购买了一套三居室的二手房,价格是1.5万元1平方米,总价是195万。首付付了40万,剩下的155万只能靠贷款。他们贷了30年,每个月要还款1.2万元,这让他们焦头烂额。现在老雨最大的奢望就是还清贷款,享受一下无债一身轻的自由。

老芸虽然没有房子的还款压力,却有其他烦恼。她的烦恼来自股票和基金,她被朋友的内部消息所误导,结果一半的积蓄被套牢了。朋友当初听说一个股份公司由于要重组,其股价最高能拉到60元,就劝她有闲钱的话就多买一些。尽管当时很犹豫,但是最终没有抵挡住利益的诱惑,她提前兑现了国债和定期存款,将70多万统统投入进去。她以28元的价格买了近3万股,价格很快涨到了32元，这让老芸很是激动了一把。但是相比朋友说的60元还差得远呢，于是老芸准备再等一等。但是，很快股市一泻千里，眼看这只股跌破20元，跌破10元，最低跌到4元多……现在股市虽然有了好转，又上涨了一些，但也才刚刚突破10元。现如今补仓也不行，卖掉更不行，老芸每天都眼巴巴地盯着K线图看。老芸现在最大的想法则是，如果没有股票被套牢，生活将是多么轻松啊。

老青虽然没有房子和股票的压力，但是也有自己的不顺。房价上涨初期，老青把自己刚买的一套120平方米的房子卖掉了，当时购买的价格是7000元1平方米，卖掉的价格则是1.2万元1平方米，足足赚了60万元。老青想得好，她之所以敢这么做，是因为她发现楼市有走淡的趋势，打算等房价再跌点的时候，重新买一套。但是现实情况是，房价不但没跌，而且越发地涨了起来。现在她虽然手里捏着现金，却买不起房子，只能租房子住。

所以说，女人手里首先要有钱，其次是如何充分利用好这笔钱，而后者更是一门大学问。守财也需要方法，不要像守财奴一般将所有的钱都捏在手里，或者存入银行，也不要盲目进行投资，这些都不是理财的上策。最好的办法是，保持头脑清醒，然后寻找一个更为适合自己、风险较小的理财投资方式。

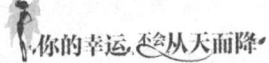

培养自己的"蜘蛛精神"

女人超过40岁后,将会面临各种各样的困难和压力,事业上有可能遭遇低潮期,而家庭的许多问题也可能会渐渐凸显出来,比如子女的教育问题和夫妻间的感情问题。此时的女性必须鼓足勇气,要有蜘蛛一样坚韧不拔的耐心和决心,哪怕是风吹雨打,也要坚信网始终是能重新结上的。

威灵顿的启发

对于女性而言,如果经受了挫折就垂头丧气、一蹶不振,那么永远都难以看见成功的终点。

拿破仑帝国时期,法兰西经常与欧洲其他国家发生连绵数年的大规模战争。拿破仑大军所向披靡,欧洲国家只能结成欧洲同盟,共同抗击拿破仑的进攻。

同盟军被拿破仑打得溃不成军、一败再败。在一次大决战中,同盟军几乎全军覆没,其指挥威灵顿将军率领小股部队突围成功,逃到一个山庄。疲惫不堪的威灵顿将军垂头丧气，甚至想到了自杀。就在这时，他不经意间发现墙角有一只蜘蛛在结网，但是因为丝线太细，网好几次都被风吹断了。但是蜘蛛没有气馁，而是不厌其烦地一次又一次地结着网。

威灵顿望着这只蜘蛛，感到自己就像这只蜘蛛一样，接二连三地失败。他同情而又伤感地望着蜘蛛，希望它别再费劲了，面对强大的风，是难以成功结网的。但是蜘蛛根本不管这一套，当它接连失败了6次以后，第七次终于成功地结成了一张属于自己的网。

威灵顿看着这一切，不禁流下泪来，他被蜘蛛越挫越勇、永不放弃的精神深深地感动了。他朝蜘蛛深深地鞠了一躬，走出了失败的阴影。

最终，威灵顿集结被冲垮的部队，在滑铁卢击溃了拿破仑，取得了决定性的胜利。

失败是成功之母，但是不同的人对于失败有不同的反应。有的人被失败击溃了，从此一蹶不振；有的人则会越挫越勇，变得更加奋发图强。只有经历了失败的痛苦，我们才能磨砺出坚强而勇敢的自己。

对于一个40岁的女人来说，生活阅历和人生经验已经足够丰富了，更应该懂得不轻言放弃的道理。因为只有这样，你才能最终获得成功，才能走出困境，将自己被刮破的"网"重新结上。

40岁女人应有的姿态

当一个女人到了不惑之年，一言一行都应该掌握分寸，说话做事要分清场合和地点，该说的一个字都不要少，不该说的一个字都不要提，最好能够做得游刃有余、滴水不漏。

成熟女人的标志就是能够进耳不听、掩耳不闻，恰到好处地约束自己。具有良好的自我控制力，是一个成熟女人的重要表现。

40岁的女人是深沉的。如果一个女人按捺不住喜怒哀乐，放任自己大喜大悲，就很容易暴露自己的内心。沉不住气、压不住阵是不成熟的表现。成熟女人应该做到处变不惊，遇到任何突如其来的挫折和打击，都能够从容地看待和解决。

女人到了40岁，应当是理性的。幼稚与成熟的区别就在于理性的程度。成熟女人应该有极强的自控能力、抵惑能力、辨别能力、承受能力和调节能力。这跟个人的性格、素质、责任感有关，也跟情商、智商相关。

40岁女人的心灵应当是百折不挠的。面对挫折不沮丧、不放弃，振作起来寻找时机战胜困难，将坎坷当作一种人生的经验来学习，这才是40岁女人应有的品质。无论挫折或困难发生在自己身上还是发生在别人身上，我们都应当试着去体会、分析和总结。只有这样，我们才能进步，才能获得一种全新的经验。当此类问题发生在自己身上的时候，我们才能稳住阵脚，继而攻营拔寨。

一个40岁的女人，只有做到了这些，才算是一个成熟的女人。只有这样，在面临情感或经济上的危机时，我们才能毫不费力地将其化解；只有这样，我们才能在生活与职场中立于不败之地，从而获得真正的成功。

成功的女人，永远不乏自信

自信是走向成功的第一步，对于一个女人而言更是如此。女人缺乏自信，不但不会让人产生怜香惜玉的冲动，反而会显得自己不够大方、缺乏魄力。

当机会降临的时候,往往都是有自信的人能够抓住,而缺乏自信的人只能捶胸顿足。

广西金嗓子制药厂、柳州市糖果二厂厂长兼党委书记、高级经济师江佩珍就是一个充满自信的女人。她在20多岁的时候,就敢于挑起有几百号人的工厂厂长的重担。她正因为信心满满,才能无往而不利。她迎接各方面的挑战,怀着百折不挠的坚定意志面对困难和失败,因此获得了巨大的成功。

第九届全国妇女代表大会结束后要举行联欢,全国妇联的领导决定和广西代表团、港澳台代表团合唱《我们是中华巾帼》,可是一时之间找不到合适的指挥人选。这时广西代表团想到了江佩珍。她们找来了江佩珍与之商量,没想到江佩珍爽快地答应了,她很自信地走到队伍前面向众人说:"我虽然没有指挥的经验,但是只要我们齐心协力,听从我的指挥,我相信没有什么事是能难倒我们的。"就这样,江佩珍的第一次指挥很成功。

她常说:"当你坚持不懈时,困难就会灰溜溜地走开!"难怪企业的职工都说:"江董事长什么时候都是满面春风、乐哈哈的,跟她做事,心里踏实,有安全感!"江佩珍在商场打拼了四十多年,特别是在当今社会竞争激烈的情况下,她为什么还能从容地笑?因为她具有其他女性,甚至男性都没有的信心。坚韧不拔的江佩珍有一种内在的刚毅,这使她能克服或忍受艰苦与挫败、困难与痛苦,因此她表现出非凡的勇气、耐心、忍耐力。她作为一个女人,具有这种良好的心理素质,为其增加了独特的魅力。

女人不要成为守财奴

成熟女人最能吸引男人的就是她们的知性。如果一个女人把金钱看得太重，那么不但会使别人对其失去兴趣，而且可能成为金钱的奴隶。纵然有家财万贯，如果失去了爱情、亲情、友情，也只能是孤家寡人一个。假如不幸成为守财奴，那简直是灾难的开始。

女人小心不要中了阿堵物的毒

作为一个女人，适度省钱是一件好事，不但可以减少浪费，还能给家庭减轻负担。但是省钱也得有个节制，不能因为省钱而变成守财奴。在当今经济飞速发展的时代，容易变成守财奴的也只有40~50岁的妇女，因为年轻女孩喜欢时尚、潮流，所以她们不会省钱，只会花钱。而40岁以上的女人大多都经历过穷困的时代，她们知道钱来之不易，所以把钱看得非常重。这里要提醒40岁以上的女人，虽然会省钱的女人很贤惠，但是也要有分寸。

很多人对钱爱恨交加，一方面是爱在心口难开，另一方面是情到深时变了质。钱这个东西，常有人议论它到底是好还是坏。有人说金钱万能，视之为至亲至爱之物；有人则说它是万恶之源，恨它恨得咬牙切齿。关于金钱，古今中外，众说纷纭，世人没少为它争论。

很多女人结婚后都变得很喜欢钱，原来在丈夫心中无比善解人意的伴侣，婚后却变成了守财奴。

为什么会这样呢？可能是因为女人更愿意长远打算。四五十岁的女人不能再像二十几岁的女孩儿一样了，她们需要考虑的事情太多，比如担心自己和老公的健康，担心孩子的教育和成家问题，担心自己父母有什么意外，这些都离不开钱。所以女人一旦进入四五十岁，她们对金钱的态度就会有180度的大转变，变得未雨绸缪、精打细算。

按照哲学家罗素的解释，在人类社会上，女人已经习惯于把自己的一生视为一个整体了。这样的结果是，她们越来越多地为自己的未来牺牲现在。女人的这种行为若是发展到极端，就会演变成一个守财奴。对于那些凭自己的劳动辛苦赚钱的人，守财是很正常的事情。但若因为守财过度，而失去了生活中很多美好的东西，那就让人感到比较遗憾了。

女人顾家是美德，应该值得发扬光大。但是一切都要有个度，如果为了省钱而把日子过得穷酸不堪，便失去了很多生活的乐趣。久而久之，家人也会生出不满的情绪。本来是为家庭打算，最后反而可能招致家人厌弃，这又是何苦呢？总之，如何花钱是个规划问题，千万不要因花钱失当招人反感，那样真的很可能会中金钱的毒。

女人不要成为守财奴，也不要成为露富狂

女人要懂得守财，但守财不是要成为钱的奴隶，而是要成为男人眼中的财富通。有一位经济学家曾这样说："看着光鲜亮丽的富人，穷人不能够理解富人，其实富人生活得并不比穷人舒服。"如果那些钱是富人靠自己一点一点赚来的，那么他们当然不舍得随便花掉，因此在他人眼里就变成了守财奴、悭吝人。然而这个世界是相对的，就像爱因斯坦的相对论说的那样。有守财奴就一定会有炫富狂，很多一夜暴富的人，喜欢生活在花花世界，喜欢炫耀，他们已经中了金钱的毒。

西晋时期有两个著名的露富癖患者，一个叫石崇，一个叫王恺。石崇是权臣，王恺是皇上的舅舅。两个人都有钱，所以斗富。皇上看着两个人斗来斗去，觉得很有趣，还经常给自己的舅舅物质鼓励。有一天，王恺拿着皇帝外甥赐的两尺多高的珊瑚树，给自己的老对头石崇看。没想到石崇却很随意地用铁如意把王恺的珊瑚树打碎了。王恺的脸色马上变了，既心疼宝物，又怕皇帝问责。这边王恺很着急，那边石崇却很淡定。他拍拍手，下人便将一堆珊瑚树抬了出来，高三四尺的都有。王恺顿时没了斗志。这两个人斗富已经登峰造极，发展到了变态的地步，最终也给自己招来杀身之祸。

对于四五十岁的女人来说，有可能因为自己事业成功或嫁得好而成为富婆，这正是考验其自身素养的时机。是过低调而高品质的生活，还是将华丽富贵都披挂出来，当然取决于自己。但毫无疑问，前者更受欢迎，令旁人欣赏、赞叹，而不致引起嫉妒和反感，继而也会为自己与家庭带来更多的幸福与好运。

让自己的价值在儿女身上延续

女人在年轻的时候不知道什么是母亲的价值,但是随着年龄渐长,进入40岁以后,她便会自然而然地发现作为一个母亲,作为一个女人,自己的价值就体现在对孩子的教育上。只要是女人,当她看着自己的孩子在身边一点点长大,心中的成就感便会随之产生,自己也仿佛变得年轻了。所以很多女性把教育出一个有出息的孩子定为自己事业成功的终点。

成功体现在对孩子的教育上

对于40岁以后的女人来说,看到家庭和睦会很高兴,看到父母身体健康也会很高兴,而最让她们高兴的是自己的孩子茁壮成长,这比重新给她们年轻的机会还要让她们高兴。

"养不教,父之过",这句话影响深远,以至于大家都觉得在这个社会上,母亲负责的是养育,而父亲负责的是教育。正因如此,母亲对孩子的教育问题时常被忽视。但是当今社会却来了个180度的转变,母亲成了教育孩子的一把手，而父亲却成了助手。其实由母亲来教育孩子是明智的。但是这需要一位乐观向上的母亲，只有这样的母亲才能带给孩子积极美好的影响，而整日陷于忧郁情绪之中的母亲只会给孩子带来消极影响。母亲的教育是任何教育都不能代替的，可以肯定地说，凡是成功的孩子都有一位优秀的母亲。

因此，做母亲的应把命运掌握在自己的手里，自强不息，全面提高自身素质。这样，即便不能取得骄人的成就，其积极的人生态度对孩子来说也是一种教育和激励。

有人说，子女是父母的反光镜。孩子身上可以折射出父母为人处世的方式和做人的准则。的确如此，自私自利的家长很难培养出一个甘于奉献的孩子，心胸狭窄的父母也很难培养出一个宽宏大量的孩子。父母对子女的榜样作用体现在日常生活中的时时处处、点点滴滴。

武汉市妇联联合新闻单位做了一项专题调查——评选不受欢迎的妈妈，以下是孩子们评出的结果：爱打麻将的妈妈，不修边幅的妈妈，爱吵架打人的妈妈，孩子生病时不在家的妈妈，爱唠叨、什么都管的妈妈，不会做饭的妈妈，一毛不拔的妈妈，一问三不知的妈妈，不问是非乱指责人的妈妈，在教师面前说粗话的妈妈，经常盯孩子梢的妈妈，不问世事的妈妈，在亲戚间挑拨是非的妈妈，吸烟酗酒的妈妈，在外面有情人的妈妈，对爷爷奶奶不孝的妈妈。

托尔斯泰有句名言："全部教育，或者说99%的教育都归结到榜样上，归结到父母自己的端正和完善上。"这便是育人先育己，每位家长都应牢牢记住这一点，这对完善孩子的人格能够起到至关重要的作用。

40岁的女人，成功并不一定要表现在事业上，也可以表现在对孩子的教育上，因为你的价值也可以在孩子的身上延续。

递好传承财富的接力棒

在中国，财富传承是一个非常大的问题。中国改革开放以后，出现了一批先富起来的企业家。如果按年龄计算，这些企业家现在应该在50岁以上，而这时他们面临的最大问题就是培养优秀的接班人。如何让自己的孩子继承并继续创造财富，是摆在他们面前的难题。

俗话讲"富不过三代"，这句话隐含的意思是，在绝大多数时候，由于继承人的综合素质远不如创始人，所以失去财富的速度和当初积累财富的速度一样快。其实这句话过于绝对了，有的家族确实"富不过三代"，但也有很多家族可以富过十代。这其中的差别就在于对孩子的教育程度不同。而教育又与母亲分不开，因为在积累财富的过程中，男人是不会有多少时间去教育孩子的，所以这个重担便落在了母亲的肩膀上，母亲成了财富传承的监督者。她把大量的时间和精力都花费在了孩子身上。当孩子获得成功，那么作为母亲，其所做的一切就都是值得的。

在《老钱：美国富人的精神起源》一书中，美国出身贵族的著名社会分析家尼尔森·奥尔德里奇谈到，在1895年，拥有巨额财富的美国"老钱"阶层就发展到巅峰了。许多家族习惯于把财产平均分配给孩子们。但人们发现，这种平均分割会随着后代的"离婚和再娶，守寡和再嫁"而再次发生继承分割。最后，"所有掺杂着爱情和金钱的危险都轻而易举地把遗产分解得支离破碎"。于是，一种财富反思运动兴起了。

老一代的富人开始要求孩子们，不仅要懂得怎样花费自己和先辈积累下来的巨额财产，更要有一种"勇气、胆识、忠贞、礼貌、谦恭以及公平竞赛的社会精神"。渐渐地，这样一个贵族阶层产生了："有责任感，行为举止值得效仿，拥有一颗博爱之心，而且还有一大批先天遗传或后天培养出来的精英来赋予这个阶层文化的凝聚性和社会的兼容性。"

尼尔森在书中深情地回忆道，小时候，他走进祖父的书房，亲吻正在休憩的祖父时，发现在祖父腿边放着两本书：《共产党宣言》和《美国六十大家族》。祖父告诉他："我们家族为这个国家所做的一切比所有普通贡献者加起来还要多，我们也要为这个国家付出巨大的牺牲。"尼尔森最后感叹道："老钱阶层就要让男男女女的继承人们，怀有提升整个国家的信仰，如果不那么做，那将是这个国家的灾难。"

看到这些，我们就完全可以明白，为什么在美国能有如此多声名显赫、能量超凡、代代相传的家族。他们正是美国百年来国力一直领先于世界的重要原因。在西方家族财富传承过程中，对子女进行高素质教育是首要的。而且西方人非常注重家族精神和文化传统方面的培养，经济实力越强大的家族，越是注重家族精神财富的代代传承。

所以作为一个成功男人背后的女人，孩子的成就也是你的成就；如果你能教育出一个伟大的孩子，那么你也是一个伟大的女人。

Chapter 6
50岁以后　真正的幸福，是健康的心态

走过了少女时代的青春年华，经历了少妇时代的成熟过程，女人在不知不觉间进入了自己人生的又一个关键时期——更年期。很多女性都下意识地认为更年期是一个"多事之秋"：在职场事业上，进一步谋求发展的动力已不足，退居二线的事实不容回避；在家庭生活里，家里的老人已经高龄，进入身体病患高发期；孩子到了高考或者找工作的关头，需要自己投入更多的精力。你即使有分身术，也难以应付这么多的事情，而且自己也已经过了50岁，难免会有力不从心之感。这个时候的女人，保持健康的心态最重要。

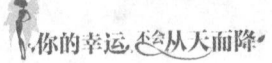

战胜更年期情绪症状

更年期是女性从成熟期逐渐进入老年期的过渡阶段。在这个时间段中，女性的情绪会因为生理因素而变得烦躁、易怒，或者忧郁、自卑、多疑，有的还可能出现嫉妒、偏执、妄想乃至绝望。这些消极情绪会极大地影响女性的心理健康，甚至可能会导致女性出现精神上的问题。但处于这个时期的女性不必过于为此烦恼，只要保持良好的心态，就会找到解决的办法。

更年期的女人为何多疑

很多进入更年期的女性会表现出一个共同的特点，那就是变得非常多疑。这种情绪的表现多种多样，而且这些多疑症在不同的背景下表现出来的方式也完全不一样，让人防不胜防。由此可以看出，更年期确实是十分漫长而又让女人颇为头痛的特殊时期。不过这些多疑的症状并不是每个进入更年期的女性都会有，而是常发生在那些不了解自己、不懂得照顾自己的女人身上。了解自己并且会照顾自己的女人，会清楚自己遇到了什么麻烦，发生了哪些问题，然后寻找到解决的方法。

那么，多疑的更年期女性一般会有哪些表现呢？

1. 过分敏感。她们会把发生在周围的一些不愉快的事件，强行与自己联系起来，听见风就是雨，不点引线也会爆炸。而且她们对自己的健康状况超级疑神疑鬼，一听说同龄妇女生癌死亡，马上就会联想到自己；丈夫偶尔晚归，就会联想丈夫是否有第三者。

2. 特别关注流言蜚语，表现出一定的强迫症。在任何公司，小道消息的传播都是避免不了的。然而更年期妇女会把小道消息安置在自己身上，以为自己是受害者，会受到同事的排挤和嘲笑，从而造成人际关系的紧张。

3. 强制性代入某个具体情境，即对别人的某些行为和动作做盲目判断，将自己强行代入，成为有关的人物。例如，一些同事在一起议论某件事情，当某位更年期女性同事经过时，他们恰巧停止了议论。尽管这些人议论之事这位妇女完全不知道，可她也会认为，"他们在背后议论、讥笑的肯定是我，要不然怎么看到我就不说话了"。由此，她的情绪立即会产生变化，甚至带到工作中来。

4. 盲目怀疑的程度增加。尤其对一些涉及其本身利益的事，更是想当然地盲目怀疑，如关于晋级、加薪、福利的一些决定没有顾及本人的利益时，即对被怀疑者恨之入骨，严重的时候还会找机会泄愤，影响和谐的团队关系。由于工作中不顺，也经常怀疑同一部门的人是否在背后打过小报告，破坏了自己的好事。一旦认定，就会产生愤恨之心，甚至会产生报复的念头。这些情绪都是负面的，会对女性的身心健康产生很大的负面影响。

每个女性都会进入更年期，这是个铁一般的事实，任何人都无法改变。

那么对女性来说，只有去适应它才能快乐，才不至于给这段时期的自己蒙上阴影。如果感觉压力太大，可以适当改变生活的重心。如果以前是把工作和子女放在首位，现在不妨调整一下，多加关注自己的生活和情感需要。另外，进入更年期后，一定要将生活节奏放慢，多进行一些以前忽视的活动，例如逛书店、从事体育运动等，适当消耗体力，将自己积累的焦虑尽快释放出来，这样一来就可在一定程度上缓解心理压力。更年期女性不妨根据兴趣爱好，给自己找点消遣之事，充实和丰富一下自己的业余生活。兴趣是排解不良情绪的好办法，更年期女性不妨一试。

当更年期女性感到焦虑时，一定不要闷在心里，可以找个人聊聊天，说出自己心中焦虑的原因；当与人争得面红耳赤的时候，最好能停下来，先让自己冷静。否则的话，自己的多疑症就会越来越重。

医学实验表明，当人的情绪轻松愉快时，脉搏、血压、胃肠蠕动及新陈代谢都会处于平稳协调状态，体内免疫活性物质的分泌增多，抗病能力就能得到增强；不良情绪，特别是多疑症，则可能导致高血压、冠心病、溃疡病甚至癌症的发生。为了避免不良情绪引发的病症，更年期女性尤其要善于调节情绪，正确对待正常的争论，让自己的心情保持安宁、温和、乐观。有条件的女性，最好能定期到医院检查，及时了解自己身体的变化。只有这样才能阻止自己胡思乱想，才能让自己安下心来。

总之，更年期女性不能让自己沾染上多疑的习惯。

缓解情绪的妙招

我们都知道，更年期的女性非常敏感，很容易受到负面情绪的困扰，严重时甚至会让女性出现偏执、失眠等情况，从而影响整个家庭的生活。

内向的女性相对外向的女性来说，更容易出现更年期情绪症状。她们不喜欢和周围的人沟通，总是将烦恼憋在心里，容易得忧郁症。对她们来说，看一些搞笑的综艺节目、插科打诨的喜剧电影，都可以起到很大的缓解作用。比如《大笑江湖》和《憨豆先生》之类的电影，充满喜剧元素，不放弃任何一次取悦逗乐观众的机会，有强大的感染力。这和内向者的思维方式非常不一样，能使内向者暂时摆脱郁闷状态，在有趣的剧情中缓解自己的紧张情绪。情节性比较强的喜剧，还有繁冗的生活类电视剧，如韩剧《人鱼小姐》等，因为有明确的主题、完整的故事和紧张的情节，很容易打动内向者，让她们产生共鸣，从而忘记自己的一大堆烦心事。

对于外向的更年期女性而言，烦琐的日常生活更容易引发她们的愤怒。面对变化纷繁的人事，她们会产生反感的情绪。如果她们看一些带有悲剧元素的电影，则会在令人垂泪的情节中，品味到种种苦涩和无奈，再和自己的处境做对比，心理就会平衡很多。另外，她们也适合看温馨浪漫的喜剧，如《家有儿女》和《河东狮吼》。这类喜剧能营造和谐美好的氛围，安抚更年期女性浮躁的心理，让她们在欢声笑语中享受情感的温暖，这样一些不好的情绪还没有抬头就可能被扑灭了。

当然，更年期的女性，由于肌肤敏感、心情烦躁、肝火旺盛等诸多症状，情绪变化表现得更加明显。这个时候可以通过一些安神的药物来缓解更年期的症状。比如，对于更年期盗汗、烦躁、心慌之类的症状，医生往往会建议患者适量补充雌激素。另外，一些含植物雌激素的精油也有相同功效，常见的有鼠尾草与茴香。鼠尾草俗称"快乐鼠尾草"，味道稍微显甜，会让人消除紧张，感到舒适自在。其中含有的雌激素对女性的内分泌系统更是大有裨益，因此对缓解更年期妇女的盗汗等问题效果显著。茴香也可以调节雌激素的分泌，而且它的味道具有一定的兴奋作用。在乳液中滴入2~3滴鼠尾草或者1~2滴茴香精油，并对自己进行全身按摩，可获得很好的效果。

除此之外，更年期女性也可以使用罗马甘菊、天竺葵与玫瑰精油，效果也相当明显。罗马甘菊有类似苹果的香气，可以缓解更年期女性容易出现的肌肤敏感现象，也可以舒缓暴躁、抑郁的情绪；天竺葵可以平衡雌激素的分泌；玫瑰的柔和味道可以让肝火旺盛的更年期女性们平静下来，具有清凉镇静的效果。将4~5滴罗马甘菊、天竺葵或者玫瑰精油滴入洗澡水中，搅拌均匀后，泡上几十分钟，更年期女性就会感觉精神放松。这几种精油也可进行熏香，不过只能发挥舒缓情绪的作用，与乳液混合按摩之后才能达到平衡雌激素分泌以及养护肌肤的作用。

通过这些方式，更年期女性可适当缓解自己的怪脾气，不至于给自己和家人带来更多的困扰和不安。

女人不要败于年龄

20岁的女孩容光焕发、青春无敌,30岁的女人风华正茂、正当盛年,那么50岁之后的女人呢?青春不再,容貌也不复当年的光彩,她们又该如何正视自己容颜的暗淡,并有效延缓自己的衰老呢?衰老是谁也无法改变的现实,当形体因地心引力的作用而不再挺拔婀娜,50岁的女性是否会对自己的外表逐渐失去信心而觉得一切都无所谓?可否想过以后也许还有几十年的路要走,这样早早地放弃了美,不是一种退缩和损失吗?女人不要败于年龄,50岁也犹未晚矣,不妨换一种更积极的心态去面对生活,将美丽进行到底。

身心调节,可以延缓衰老

一般女性进入50岁之后,身体就会开始走下坡路。但据美国《新闻周刊》报道,若能在更年期适当地进行身心调整,女性完全可以迎来自己生命中又一段黄金时期。

可是,也有专家指出,超过3/4的女性在更年期有潮热现象。这种突然发热的感觉会从躯干传递到四肢和脸部，令人感到尴尬和不快。有的妇女会因此满脸通红，也有一些妇女会感到心跳加快、焦虑不安。这样的情况可能一天出现几次，甚至每个小时都出现，具体情况因人而异。

毫无疑问，潮热现象让人沮丧，因为它传达的信号就是：身体机能已经老化，衰老不可阻挡。很多更年期女性被潮热现象困扰，受到打击，并一度丧失自信，闷闷不乐，过早地承认了自己衰老的事实。

其实，只要通过正确的调节，身心的衰老是完全可以延缓的。

一、把握睡眠质量

女性更年期通常在40岁以后到来。在更年期里，由于内分泌的相关影响，她们的睡眠质量会有所下降。因为睡眠质量下降，她们的身体才会显得疲惫不堪、没有活力。只要拥有良好睡眠，在一定程度上，女性就可以延缓自己身心的衰老。

一个人即使身体健康，连续一两周失眠，身体也会承受不起，更何况是身心都在走下坡路的更年期女性。如果更年期女性睡眠不好，甚至遭遇失眠，就应想一想到底是什么原因在影响自己的睡眠，努力调整自己的睡眠质量。

想要将自己的睡眠调整到最佳状态，有不少好方法值得推荐，如不在卧室看电视，训练大脑在晚间放慢运转，用质地轻柔的棉毯，穿透气的宽松睡衣，临睡前不再饮用咖啡和茶，等等。如果对光线敏感的话，女性可以在上床之前几小时就把灯光调弱，以提醒大脑睡眠时间到了。此外，每天晒晒太阳可以刺激身体产生更多的褪黑素。它可以帮助更年期女性保持自然的生理节奏，那样即使白天思维活跃，晚上也会容易入睡。

当睡眠得到保证，那么我们的身体就能自动恢复，也便能有效延缓身心的衰老。

二、小心提防抑郁症

有些更年期女性会患上抑郁症。如果更年期女性出现抑郁征兆,就要及时向医生咨询,寻找恢复好心情的方法。导致妇女患上抑郁症的因素有失眠、药物的副作用以及未确诊的甲状腺疾病等。工作、抚养孩子及照顾老人的巨大压力,也可能诱发更年期女性的抑郁症。

抑郁症虽然可怕,但它是可以预防的。如果更年期女性发现自己易怒、精力不能集中、优柔寡断、头痛、睡眠或食欲不佳,甚至有逃避日常活动的倾向,那么就要小心了,这些都可能是抑郁症的前兆。这个时候,更年期女性可以尝试参加一些体育活动,多晒太阳,做喜欢做的事让自己快乐,不要等到焦虑或抑郁全面发作才采取行动。

如果这些还不够,可以去看心理医生,试试短期服用低剂量抗抑郁药物或接受谈话疗法。总之,心情问题绝对不可忽视,因为抑郁症会加剧女性出现长期健康问题的风险,如心血管病、痴呆症、中风和骨质疏松症等。

当更年期女性能够远离抑郁症,那么即使健康状况不比从前,也不会出现那种衰老得让人吃惊的情况。

三、陶冶情操,调整心理

更年期女性受到来自生活方方面面的压力,难以保持内心的宁静和安逸,容易精神压抑、心情紧张,甚至发生神经衰弱。而精神活动与人体生理、病理变化有密切关系,心理健康的人能够祛病延年;反之,心理波动大的人则很容易遭受疾病的侵袭。

更年期女性可以通过一些活动来调整自己的心理状态。心理学家早就指出，音乐能调节人的身心状态，抚慰心灵，使机体新陈代谢旺盛，使各种激素的分泌保持平衡。另外，舞蹈、绘画、书法等，也有类似作用，可以让人内心平静、幸福安康。

四、自寻快乐，增强免疫

人的很多种情绪中，只有喜是正值，是有益于人体健康的一种心理活动。心理学家研究发现，欢笑时，人体的各个器官能产生协调一致的振动，使神经处于兴奋状态，从而促进人体分泌有益于健康的激素。开怀大笑能够使内心积存已久的郁闷情绪得到疏导，使脸、颈、背、胸阔肌、腹肌反复收缩，从而达到放松的效果，同时能使呼吸功能增强，使人吸入更多的氧气。因为氧气是人体的必需，当肌肉、组织得到血氧的能源供应时，其功能就能得到正常发挥，免疫系统就能大大增强。

身心健康是生命的基础，如果身心受损，生命也就失去了一大半。身心俱损，让人无暇他顾，甚至在遇到危险的时候，都无法以积极的心态去深思熟虑。人的情感是非常丰富的，任何人都摆脱不了喜怒哀乐。但性情开朗的人，会在最短的时间内把负面情绪化解到最低值，而把情绪调整到最佳状态，营造良好的身心，使自己保持健康。

虽然身心衰老是人类不可抗拒的自然变化，但进入更年期的女性也要相信，只要调节自己的身心至最佳状态，衰老是可以延缓的。

吃出好气色

很多女性在进入更年期以后会感到身心疲惫，这是一个正常的反应。毕竟精力大不如前，但是工作强度、生活压力并没有相应减少，感到吃力无可厚非。

工作压力之外，很多女性还时时被身体的臃肿、面色的晦暗、心情的抑郁，甚至是生活乐趣和激情的缺乏所困扰，不是担心自己得了什么疾病，有病乱投医，就是消极沉闷、自怨自艾。这些都是更年期女性遇到的拦路虎，会让更年期女性的衰老更明显。

其实，除了保持健康的心态外，好气色也是可以吃出来的，这就是我们传统中所强调的食疗。

在日常饮食中，少吃高热量、油炸油腻和辛辣的食物。可以适当吃些含优质蛋白质、必需的微量元素、叶酸和维生素的营养食物，如动物肝脏、肾脏、血、鱼、虾、蛋类、豆制品、黑木耳、黑芝麻、红枣、花生以及新鲜的蔬菜、水果等。食物的选择以保持消耗和供给之间的平衡为准则，需摄入足够的优质蛋白质，如乳类、鱼、瘦肉、鸡蛋、豆制品等，以维持细胞功能和修补体内的组织；而蔬菜、水果和谷类富含矿物质和维生素，可使机体保持活力；增加钙的摄入，可有效预防骨质疏松。因为进入更年期的女性，将要面对这样一个事实：自己成了"缺钙族"，很容易骨折。

以前拒绝滋补的女性，在进入50岁以后，该改变自己的看法了，这个时候应该好好地补补了。中医用药是很好的选择，这个时候不妨去中医诊所开一些药方煎熬之后服用，这对于延缓衰老效果非常明显。我们经常在电视上看到很多明星，谁也不会相信她们竟然都是五六十岁的人了。明星的保养功夫显然要远远超过普通人，她们关于食补和中药养生的基本方法，普通人也可以仿效。例如，用山药、阿胶、枸杞、桂圆、百合、莲子、黑芝麻、大枣等熬成膏，早晚服用，可以使气血充盈。

此外，更年期女性在饮食上更应当掌握进食量。如果进食不当、运动量不够，更年期女性很容易患肥胖症、糖尿病、高血压、心血管疾病等。

年轻在于抓住指尖的快乐

都说女人如花,看惯了花开花谢,这个世界上没有什么花能比女人的笑脸更美丽动人的了。不是每一个女人都能50多岁还有着漂亮的容颜,但是每一个女人都可以有一颗快乐的心和一张写满笑意的脸。生活给了女人太多的责任、太多的负担以及太多的约束,于是琐碎、烦恼、苦闷、忧郁随之而来。当所有的不快乐充塞心间、挂在脸上时,女人便不再美丽动人。对于步入50岁的女人来说,年龄可以不再年轻,但心态一定要保持年轻;身体可能不再青春,但笑脸无论如何不能失色。当50岁的女人依然能够抓住快乐,谁能说她已经不再年轻?

忘掉曾经的不快

很多人对一些伤心的事记忆很深,甚至刻骨铭心,而对那些曾经让自己心情愉悦的美好事情的记忆却是淡淡的。如果人脑像电脑那样,能把过去一些伤心的记忆打包放进回收站,然后清空了事,只保留那些美好的记忆,那岂不是一件乐事？

当我们进入50岁，蓦然回首，我们才意识到：一路行来，生命中的许多经历注定要被遗忘。学会忘记其实是对人生阅历的去粗取精。只有忘记那些本该忘记的，需要牢记的事物才会永不褪色，生命也才能告别重负、轻装上阵。学会忘记是对生活的一种豁达心态。忘记朋友有意或无心的伤害，心底无私天地宽，才能品尝到至真至纯的友情；忘记恋人分手时的绝情，才能怀念曾经拥有的美好；忘记曾经对他人的那份付出，才能不再乞求他人的知恩回报。忘记，不是把曾经的一切统统埋葬，而是一种审时度势的抉择。过去的就让它过去，现在的你需要做到坦然地面对以前所发生的一切，不再为其感到难过、悲伤。这才真正说明你是豁达的。

学会忘记不愉快的事情，是一种重要的保持快乐的能力。快乐与痛苦本是棵并蒂莲，如果我们眼里只看到痛苦，就会对快乐视而不见。尤其对于进入50岁的女人，善于忘记，对身体健康大有裨益。

如果对进入50岁这个事实感到不快，那就干脆忘记年龄这回事好了。"人不思老，老将不至"，老不老在于自己的感觉。只要一个人心不老，就会永远年轻，从而达到"不觉老之将至"的境界。把50岁作为人生新的起跑线，才会越活越年轻。另外，年龄越大，病痛越多。如果因为有了一点小毛病，就觉得自己可能得了大病，整日郁郁寡欢，这样反而对健康非常不利。很多中医大家说过，疾病远没有对疾病的恐惧和担忧来得可怕。因此对待疾病，要采取正确态度，认识到生老病死是一种自然规律，就可以坦然面对。

同时，也要忘记宿怨。几十年的风风雨雨，同事之间、朋友之间，甚至亲人之间，既有可能结下难以忘却的情意，也可能有过这样那样的不快。进入50岁后，忘掉曾经发生过的误会和不愉快，不再耿耿于怀，这样更有益于身心健康。这就是所谓的"相逢一笑泯恩仇，人生又写新篇章"。

年轻是可以留住的

说起香港著名影星赵雅芝的优雅大方、高贵端庄，无论是女人还是男人都会情不自禁地赞叹。从出道前的空姐，到19岁参加"港姐"选举崭露头角（虽只获得第四名），再到经历了30多年的演艺生涯后的今日，赵雅芝的确创造了一个不老神话。虽然已是三个孩子的母亲，她却越来越美丽，20多年的风风雨雨不曾在她的脸上留下任何痕迹，反而那一股成熟的女人味更让人惊艳。赵雅芝对青春和幸福婚姻保鲜有道，激起了很多人的好奇心。她本人在媒体面前经常说："要保持好的心态，心情好才能保持年轻的外貌。"这个道理很多人都知道，但能身体力行的人很少。这显然跟个人的性格有关。赵雅芝善良、平和、豁达、乐观的性格，的确可让其青春永驻。

即使不能像赵雅芝那样保持容貌的年轻，我们至少也可以保持心态的年轻。当我们不能享受生活，龟缩在老年的躯壳里，不再敢于品尝快乐，那才是真正和年轻绝缘，才是彻底和年轻说再见。

快乐是青春的防腐剂

50岁的女人想要留住的不是青春，而是与青春有关的心态。快乐是青春的防腐剂，只要拥有快乐，便可以与青春做伴。

要想快乐地生活，首先要让自己的心纯净。而最好的途径便是多做善事，多帮助他人。心理学家经过调查发现，经常帮助别人的人，明显比不乐于助人的人快乐。用快乐指数或生活满足感指数来测量，前者要比后者高出几十个百分点。一个人的快乐感多了，不管你在什么年龄段，都会让人觉得年轻，都会散发出青春的神采。

女人大多是感性的，总会不自觉地给自己的心情涂上点色彩，总会为一点小事、一句话、一个别人忘记了的承诺，而让自己的心变得敏感而易怒，让自己的行为变得小气而啰唆。聪明的女人应该是宽容而大度的，聪明的女人也应该能够明白和理解生命的本质。所有的浮华，所有的成败得失，不过是过眼烟云。

很多女人不快乐，是因为她们始终不明白现实与理想之间永远是有距离的，这段距离纵使你用尽一生的努力也无法缩短为零。闭上眼睛天会很近，睁开眼睛理想总是远在天边。人不能奢望太多，奢望太多就没有了快乐。人也不能苛求自己，苛求自己，就会把自己束缚在一个没有快乐的小世界里。不管在什么年龄段，哪怕你已经50多岁，也要快乐地生活。只有这样，才能摆脱压力，活得轻松，活得随意；才能活出一个真自我，活出一份好心情；也才能活出年轻。

有了快乐的心，再老的女人都会有一个没有约束、没有失落的心灵世界。在很多电视剧和电影中，我们看到一个女人，即使老态龙钟，但只要她还能体会到快乐，还能笑，还能欣赏他人，我们就仿佛看到她青春依旧，那么可爱，那么迷人。

例如，当《泰坦尼克号》临近尾声时，露丝虽然已经那么老，皱纹覆盖了她的脸和身体，但是当她回味自己和杰克相遇相爱的经历时，她还是那么激动。在快乐的神奇魔力下，我们仿佛看到她青春附体，仍然那么迷人。

赋予单调的生活一点乐趣

50岁的女人淡如菊,她们渐渐会把任何事情都看开看淡,这其实是一种福气——能够从平淡中体会快乐。拥有这份恬淡的心情,感受着平淡中知足的乐趣,50岁的女人也便拥有了幸福。

平淡的生活中自有乐趣

50岁以后的女人,眼里不再只有事业和工作,而是将重心转到了日常生活中。她现在有时间照顾老人,也有时间陪自己的丈夫,更有时间关心自己的儿女了。

然而,她们也发现,要适应这样的生活,也许还要调整一下自己的心态。毕竟,工作了一辈子,很多习惯是无法突然改变的。尤其是,如果之前她们是成功人士,那么要在平淡的日常生活中找到满足和成就感,对她们来说可能是一个很大的挑战。

家庭主妇的生活因为千篇一律而显得平淡无味。一个远离厨房的女性很难体会厨房女性的辛苦，同时也很难体会她们的幸福。前者即使在事业上取得了惊人的成就，但50岁以后还是要回归家庭。这个时候，她们也许才会惊觉，自己在职场上赢得的，也许永远抵不上在家庭生活中所失去的。因为她们还没有学会在平淡的生活中寻找快乐、寻找幸福。

温情款款的一句话能让人感动，感激涕零的一个眼神能让人陶醉，倾注爱心的一顿饭菜能让人回味无穷。家人相互关怀，享受天伦之乐，平淡的生活中充满了阳光，充满了快乐。

有这样一段对话，妻子对丈夫说："你觉得什么是幸福？"丈夫说："和你在一起就是幸福，和你在一起生活没压力，感觉很轻松。"

人生几十年，并不需要太多的成就感。平常百姓平常心，平平常常最是真。尽自己的能力，为家人，为父母，为姐妹，为朋友，为同事，献上一份关爱，这恰恰是最难能可贵的幸福感的来源。

对于50岁以后的女性来说，平淡的生活不但可以让自己的心态变得平和，还可以让自己看上去显得更年轻。因为在平淡的生活中，你再也不用去面对太多的烦恼。当你过了知天命的年龄，生活会变得平淡而有规律，比如每天晨练、阅读，每隔一段时间去走亲访友、游山玩水……

充实自己也是一种乐趣

人们常说自寻烦恼，这话不假，但快乐也是要靠自己来寻找的。50岁以后，生活难免波澜不惊，不再像以前那样风云变幻。这时，如果还是沿袭以前那种生活方式，难免会让人觉得索然无味。如果不想生活单调得像一杯平淡的白开水，就得学会在生活中寻找乐趣，比如说通过学习来充实自己。俗话说,"活到老,学到老"。但女人到了这个年龄,可能所学不再是为了学以致用,而更多的是为了乐趣。

对于50岁以后的女性来说,有闲暇学习,充实自己的知识库,也不失为一种乐趣。工作已经越来越靠边站,居家过日子也难以产生新鲜感,这是很多人所不能忍受的。所以50岁以后的女性如何不让自己变得悲观、消极,如何让家里充满快乐、温馨,对她们来说,的确是非常重要的课题。

专家指点,这个时候女性不妨充实自己的知识。做一个知性的女人,也会平添许多生活乐趣。这时,女性应该为自己寻找目标,而平凡的日子就在不断达到目标的过程中延续下去了。

50岁以后的女性可以根据自己的兴趣爱好,通过看书、写日志、画画、摄影等来充实自己。看书不但可以积累知识量,最终还可以陶冶情操,让一个人的心境变得平和。当写日志的时候用到自己在阅读中积累的很多漂亮语句,你会自然而然地感到快乐。画画也是如此。当一个人开始画画的时候,她便会想把自己想表达的东西在画布上展现出来……一个女人即使经常改变自己的兴趣也没关系,因为你的兴趣只是为了让自己快乐、年轻而已。

所以对于女性来说,在生活中要想让自己变得年轻,让生活变得有滋有味,其实一点都不难。要知道,随着时间的流逝,每一个女人都会慢慢变老,这时青春、成熟都已经历过了,最重要的就是享受快乐时光。而利用学习来充实自己,是一个能够将时光变缓慢、变美好的有效方法。

爱永远不会误点

年轻人总喜欢把爱情浪漫化，中年人总喜欢把爱情理想化，唯老年人脚踏实地，真正地实践着"执子之手，与子偕老"的誓愿。进入50岁之后，女人们从来没有像此时这样关注生命和自我，所以说"最美不过夕阳红"，爱永远不会误点。老年人的爱情，和年轻人相比，一样迷人。

"黄昏"的爱，仍像残阳般绚烂

人生总有尽头，在即将走到人生道路的尽头时，老人们很少再去考虑自己，更多的时候是在说："我走了之后……"他们惦记的是孩子，牵挂的是老伴。

在我们的生活中，这样的老人很多，他们每天总在问自己，还有什么事未为老伴做吗？还有什么话未向老伴交代吗？所有的事他们都想做得干干净净，所有的话他们都想交代得完完整整，这样才能不留遗憾。弥留之际，他们总觉得自己还有未尽的责任，于是唤来子女们千叮咛、万嘱咐。更有甚者，他们还未过完今生，往往又在许愿来世。老人们总想把这种深深的爱，生生世世地延续下去。

就像一句深情款款的话，"你不来我不老，你不离我不弃"，只是从老人口中说出，更觉得此情动人。

爱情，永远不是年轻人的专利，爱情也属于老人。如果说年轻人花前月下、卿卿我我，还在为爱情寻寻觅觅；中年人四处奔波，还在为爱情辛勤劳累；那么，老年人历经沧桑，才真正知道什么是爱情。就像杜拉斯在《情人》里的描述，"当我老了，我还能感觉到对情人的爱"。

爱情孕育于青年时期，发育于中年时期，真正的成熟却是在老年时期。唯有老人历经岁月沧桑、集无数人生经验之后才能够静下心来，细细品味那爱情的甜蜜。这种甜蜜蕴藏在老人相濡以沫的生活细节里，蕴藏在无限温存的颤抖的话语中，蕴藏在行走时的相互扶持下，蕴藏在身体不适时的杯水勺羹里。

老人的爱情洗尽铅华，虽不再那样华丽，不再有眩晕的光环，但显得更加朴实、自然、温馨、珍贵。经过多年的相知相伴，老年夫妻并不仅仅体现爱缘，更体现出一种血缘。也就是说，他们更像是亲人。这种感情非常奇特，胜过了至亲，胜过了亲朋。老夫老妻常爱称对方为"老伴"，深情一世尽在其中。他们在一起共同经历了人生的风风雨雨，历尽坎坷和困苦，相依相随走过了大半生。尤其是到了晚年，彼此更认识到对方在自己心中的地位。无论在生活上，还是在其他方面，他们都互相关心、互相体贴。

丁聪老人与老伴相依为命的几十年里，经历了许多坎坷，有欢乐也有痛苦，可他们始终相亲相爱、风雨同舟、患难与共，甚至没有吵过架。他总结了以下几条主要经验：

互相体贴，心里没有索取，只有奉献；

经济上量入为出，互相信任，不计较；

互相关心对方的亲人，热情接待对方的朋友；

彼此相敬如宾，互相尊重，培养共同的爱好，增添生活的情趣。

可见，和很多年轻人相比，老年人更懂得爱的真谛。

爱恋使你变得年轻

"黄昏恋"曾经一度是出现频率很高的热门词汇。中国人口老龄化越发严重，老年人的情感世界受到了越来越多人的关注。很多人认为，老年人找一个生活伴侣，是人之常情，而很多子女也表示赞同。

但是，老年人再婚也有实际的困难，也需要有一个恋爱过程。只有相互了解对方的经历、人品、性格、子女情况、情感好恶、再婚目的以及今后的打算，特别是了解清楚双方是否情趣相投、志同道合，气质性格和价值观念是否相合，两个老年人才可能生活在一起。如果对方符合自己的心愿，双方自然就会相互吸引，产生感情，然后再升华为爱情。在此基础上，老人们的婚后生活才能美满幸福。

有些老人的再婚结合，把重点放在情趣相投、志同道合方面，这种感情是炽热而持久的。再婚一定要建立在真正深厚的爱情的基础上，为的是相互给予，而不是索取，这样才会使再婚老年夫妻感情和谐、融洽，才会使其晚年生活充实、幸福，他们也会变得格外年轻、有活力。

那些建立在平庸交易关系基础上的再婚，不仅是不牢靠的，也是有害的。

因此，老年人再婚必须以正确的婚恋观为前提，以真挚的感情为基础，这种黄昏恋才会长久。老年人再婚是一个相对漫长的过程，双方都要忘掉过去，正确处理过去的感情问题，坦率对待以前的婚姻关系。不能总沉陷于对亡夫亡妻的虚幻的回忆之中，更不要发出新人不如旧人的感叹。如一方有所流露这种感慨，另一方也不要介意，要在理解中去慢慢调适。

老年人再婚的环境及对象都是全新的，这就意味着再婚老人的爱情生活一切都要从头开始，在共同生活中相互适应，努力发现和创造适合新家庭的生活模式。两人共商生活大计，共享快乐，共担忧愁，多考虑求同存异，多寻求一些爱好相近、情趣相同的事做，这是维系再婚后幸福的重要因素。

老年期的性心理

旧的文化观念让人难以理解老年人对性的自然要求。当然，和其他生理功能一样，性功能也有一个正常衰老的过程。如果老年人有性能力，却不能过上性生活，这是一种不完整的生活。老年夫妇之间的性爱需求随着性的衰老也逐渐减弱，往往只需要一些浮面的性接触，就可以得到满足，青年时期冲动的性爱变成了平静的爱抚。

但心理学家指出，老年人性功能虽然会降低，但性兴趣并不会随之降低或丧失。恰恰相反，在老年人的生活中，性是不能忽略的，仍然占有一个相当重要的地位。由于亲密的关系，老年夫妇照顾彼此的起居生活，永远比子女、护士要好。老年人对感情和性的需要，并不能理解为就是性交。向别人倾诉，需要拥抱，需要表达感情和接受他人的感情，回忆自己的性爱史，这些都能有效延缓老年人的衰老。

是时候实现曾经的梦想了

韩晓曾经唱过:"我有时间的时候没有钱,我有钱的时候没有时间。"多少人年少时都曾经有自己的梦想和远大的抱负,但时间和现实往往那么残忍,磨灭了一个个希望。转眼间,银丝已经悄然替代了乌黑的秀发。过了50岁,很多女人忽然发现,自己有了时间,有了财富。而这个时候再不实现曾经的梦想,那就真的没有机会了。

年少梦碎留遗憾,年老追梦犹未迟

在《我想上春晚》的选拔活动中,一位来自古城苏州的阿婆让人颇为感动。阿婆今年50多岁了,半身不遂,她是被儿子和老伴用轮椅推上舞台的。阿婆明显没有接受过声乐训练,虽然她嗓音奇好,但还是因为唱功不过关被淘汰了。主持人问她:"这么远这么辛苦来到这里,结果被淘汰了,失望不失望?"阿婆说,她不失望,她这辈子就是想在舞台上唱歌给大家听,现在她的这个愿望满足了,而且还是在中央电视台的舞台,她感到知足了。阿婆的话激起了观众长久的掌声。

光阴似箭,日月如梭,当年意气风发的青年、成熟沉稳的壮年已变成了华发老人。对于50岁以后的老人而言,现在儿女成人,事业也有接班人了。年轻时魂牵梦萦的理想,现在终于有机会实现了。当时离不开家庭,离不开事业,现在有时间了,是该向着梦想出发了。只要自己还有那份心情,就不要再犹豫、再错过了。

苏珊·波伊尔,53岁,来自苏格兰中南部的小镇。她一直在地方教堂从事慈善工作,12岁开始唱歌。此后,想成为伊莲·佩姬一样的职业歌唱家的梦想,一直存在于她心间。

苏珊·波伊尔一走上台,根本没人想听她唱歌。她浑身冒着土气,能有什么样的金嗓子？台下观众都想看她的笑话,评审西蒙·考威尔不停嘲讽她,想让她出糗,甚至表明她住的乡下地方,连听都没听过。尽管观众在英国著名电视选秀节目《英国达人》中见惯了诸多奇特的参赛者,可仍对苏珊·波伊尔的没明星相大吃一惊,她不被看好也在情理之中。

然而,这位乡下大妈却以一曲《悲惨世界》中的歌曲《我曾有梦》,震撼了全场,红透了英伦,真正诠释了何为"人不可貌相"。外表平凡却满怀梦想、才华横溢的她,很可能复制另一位选秀奇葩保罗·帕兹的成功之路,用歌声扭转自己的人生。

"当你站在舞台上说,你想成为伊莲·佩姬时,大家都在笑你,"评审皮尔斯·摩根在评判时说,"现在没人笑话你了。震撼、无与伦比的表演,毋庸置疑,是节目开办三年来最大的惊喜。"

梦想是不受时间限制的,它不会老去,只要你有勇气去实现它。年轻的时候因为种种因素而没有去实现它情有可原,但是现在你已经步入老年期,再不实现就真的没有机会了。

梦想是生命的润滑油

每个人在小时候都会对未来有所期盼,那是我们最初的梦想。当我们渐渐长大,在现实面前梦想开始变得遥远,并且被我们遗忘。我们也许还没有意识到,人生最大的奖品其实就是梦想,最大的成就就是实现梦想。从这个意义上说,梦想是公平的,每个人都可以有梦想,无论贫富和贵贱。不管梦想最终能否实现,我们都收获了人生最大的财富——追梦路上的风景。

毫无疑问,梦想和信念是生命中的灯塔,它永远都在生命路上的前方,远远地看着你。当你灰心丧气的时候,它鼓励你;当你得意忘形的时候,它警示你;当你摔倒的时候,它抚慰你。没有它的鼓励、警示和抚慰,你的生命也许就不会这么灿烂。

即使你已经不再年轻,已经年过半百,可在追求梦想的路上,也永远都有你的一席之地。其实,每天都是一个新的开始,直到生命的尽头。有一句话叫"有愿才有缘"。有梦想,你才会有与梦想相遇的缘分。梦想使一个人追求,信念使一个人坚持。

虽然我们已经老去,但只要我们怀揣梦想,生命就依然可以生机勃勃,生活就依然精彩。

在台湾著名综艺节目主持人吴宗宪主持的《我猜,我猜,我猜猜猜》中,一位75岁的老人,为了实现年轻时向老伴儿许下的诺言,带着老伴儿骑自行车环行台湾。之后,老两口儿又组建了一支老年自行车队,不定期地出去旅游。他们自行车旅游团的成员都是70岁以上的老人，这帮高龄"老小孩"游遍了台湾的各个角落，被吴宗宪调侃为"一群最快乐的骑士"。

看着老人们一个个激情昂扬、精神矍铄的样子，很多人都颇有感触，敬仰之情也油然而生。现实生活中有许多不服老的人，六七十岁了还坚守在工作岗位，就是为了不让自己失去梦想。

在北京，有一支老太太街舞队，最小年龄68岁，平均年龄72岁。这些活泼靓丽的"老女孩儿"，能完成年轻人都惊叹的高难度的街舞动作，给观众带来了超级震撼的表演。

同样在台湾，一位老年"肌肉男"，在退休之后，每天坚持锻炼，居然练得一身好肌肉。70多岁的身材比健美先生还要好，一口气能做好几十个单手撑地俯卧撑，实在叫人叹为观止。

世界是一面镜子，你对着它微笑，它也会对着你微笑。你对它付出，它也会给你相应的回报。在追梦的道路上，没有年龄的限制，只要你敢去实现你的梦想。

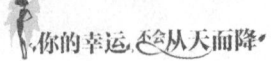

做一个面善心慈的长者

在日常生活中如果能以诚恳、平等、谦虚、宽容的态度对待别人，就会让自己和对方都感到放松和舒适，这样的老年人一定会受到年轻人的喜欢和尊敬。俗话说，"家有一老，如有一宝"。老年人懂得关心别人的兴趣和情趣，欣赏别人的优点和长处，对建立和谐家庭来说至关重要。因为在与人相处时，老年人能够将更多的同情、友善和宽容给予别人。

家庭和谐是女人的重中之重

随着经济的发展，人民的物质生活水平不断提高，对生活质量的要求也日趋上升，家庭成为人们休养生息、孕育与传递文化的摇篮。

如果说社会和谐离不开家庭稳固的话，家庭的幸福更是和谐社会的根基！然而，让每个家庭都做到和谐、快乐、美满、幸福，又谈何容易？恰如托尔斯泰所言："幸福的家庭都是相似的，不幸的家庭各有其不幸。"家家都有一本难念的经。

从家庭的定义就不难看出，家庭中存在三种关系，即以爱情为基础的婚姻关系、以血缘或收养为基础的亲子关系和以人与物的关系为基础的互为关系。和谐的家庭中，这三种关系应当协调发展，使家庭中每一个成员健康发展。其中，女性是家庭和谐的最重要因素。

从古到今，家庭一直是人们情感的栖息地和避风港。家庭所特有的温馨和谐的氛围，是家庭成员身心健康所必不可少的前提条件。

当女人进入50岁后，生活资历和处世经验都有了一定的积累，只要用心经营，就能让家成为世界上最温暖的小窝。冬天的一杯热茶、夏天的一杯冰水、出门前的一个提醒、回家后的一句亲切问候……这些都能让家人感到浓浓的暖意。女性天生所具有的似水柔情和亲和力，能成为家庭成员在疲惫、失落、苦恼和难过的时候永远值得信赖的安全港湾。

相反，不善经营的女人也能让家成为可怕的地方，频繁争吵、相互伤害、冷言冷语……这些行为都令家人只想逃之夭夭。

在对和谐幸福的家庭的执着追求中，女人应该不断提高自身的素质和修养，以自身的柔美、善良、宽厚、智慧，在家庭生活的各方面释放温暖。

婆媳关系影响女人心情

当你风华正茂的时候，你是别人的媳妇。随着时间的流逝，不知不觉你的位置变了，很可能从别人的媳妇，变成了别人的婆婆。

在过去，很多公婆存有偏见，认为女儿比媳妇更加孝顺。可是随着时代的发展，现在许多长辈的观念也开始发生非常大的转变，他们认为感情其实是靠平时生活中的点滴细节培养出来的。作为婆婆，只要对自己的儿媳妇真心实意，那么她们一定也会以诚相待。婆媳关系和睦了，各种烦恼的事情自然少了，生活便会更舒坦。

儿媳刚来婆家，难免有些不习惯，婆媳之间性格也不了解，因此做婆婆的首先要体贴、关爱儿媳，不能碰到一点不合己意的小事，就拿儿媳与自己的女儿来比较。其实这是不公平的。因为母亲本来心疼、宽容自己的女儿，再加上女儿从小在父母身边长大，她了解父母个性，生活习惯也合得来，当然要比刚来的儿媳贴心。而儿媳刚来婆家，没有这个基础，因此做婆婆的对待儿媳，要多看她的长处，不计较她的偶然过失。俗话说，"不痴不聋不做阿家翁"，只要能做到心胸宽广肚量大，福气自然来。

上海婆婆刘晓梅在儿媳妇张淑芬刚来时，一开口就叫她"阿拉淑芬"，儿媳妇听到婆婆这样称呼自己很感动，因为婆婆当她是自家人。儿媳工作忙，家里吃饭时，婆婆总将鱼肉摆在儿媳这边，让她多吃点。儿媳患感冒吃饭不香，婆婆中午特意做了红枣稀饭，叫她调调口味。婆婆的热情体贴照顾，儿媳看在眼里，记在心里，总感到自己对婆婆有还不完的情。每逢佳节，儿媳也总要买些衣物或贵重补品来慰问老人，春节还给二老每人1000元；自己搬新居了，想想二老的旧房光线不太好，又拿出3万元帮他们装修，并安装好卫生设施等；见两位老人从未出过远门，"五一"节放长假，她又陪公婆到三亚、昆明等地旅游，开眼界，见世面，这也更加增进了婆媳之间的关系。

有了这样融洽的婆媳关系，人到老年还怕无人照顾吗？所以有了家庭的和睦，就有了老人的一切。其实幸福就这样简单，有付出，就有回报。善待别人，也是善待自己。婆婆将儿媳看成自己的女儿，儿媳就会将婆婆当成自己的妈妈。